移动互联网全景思维

华红兵　编著

华南理工大学出版社
SOUTH CHINA UNIVERSITY OF TECHNOLOGY PRESS

·广州·

图书在版编目（CIP）数据

移动互联网全景思维/华红兵编著. —广州：华南理工大学出版社，2014. 11
（2014. 11 重印）

ISBN 978-7-5623-4427-9

Ⅰ.①移… Ⅱ.①华… Ⅲ.①移动通信-互联网 Ⅳ.①TN929.5

中国版本图书馆 CIP 数据核字（2014）第 240208 号

移动互联网全景思维
华红兵　编著

出 版 人：韩中伟

出版发行：华南理工大学出版社

（广州五山华南理工大学 17 号楼，邮编 510640）

http://www.scutpress.com.cn　　　　E-mail: scutc13@scut.edu.cn

营销部电话： 020-87113487　87111048（传真）

策划编辑：范亚玲　陈华霞

责任编辑：张　颖　欧建岸

技术编辑：吴俊卿

印 刷 者：广州市穗彩印务有限公司

开　　本：787mm×1092mm　1/16　印张：15.75　字数：314 千

版　　次：2014 年 11 月第 1 版　2014 年 11 月第 2 次印刷

印　　数：8 801～10 800 册

定　　价：49. 80 元

本书编委会

主　编

江国民　　金羚电器有限公司营销总监
何元振　　河南振鑫农业有限公司董事长
郑先强　　贵州醉美庄园投资管理有限公司董事长
黄志明　　河南省客家商会执行会长

联合主编

| 李　波 | 詹步长 | 何小萍 | 常素卿 | 周蘭亦 | 陈雁翎 | 樊汇鑫 |
| 蔡　涛 | 孙勇军 | 钟　娟 | 谈平原 | 华红涛 | 杨志勇 | |

编　委

赵云林	余明阳	雷　鸣	李洙德	陈　明	何　乾	洪　杰
杨向东	朱海松	韩　义	王　冕	陈长卿	吴　煜	张世广
叶　安	宋小可	李　玲	吴易得	张冰贤	梅　珊	牛书霞
吴世尧	惠增玉	郭紫君	马庆渲	霍锦添	陈　聪	薄鑫娇
郝嘉琪	徐　坤	李　华	孙庆威	何　静	魏惠萍	苏　雪
谢玉婷	李雄豪	舒　浩	黄永举	邹永梦	温应钦	聂志坚
张仁勋	刘逸彤	江锦堂	赵杰华	阮志强	邓　毅	黄创称
魏晓文	李德林	杨碧峰	彭志伟	康冬青	肖勇生	李荣华
苏巧红						

进化
- 环境进化论
- 灵魂进化论
- 商业进化论

人本主义
- 人文情怀
- 人人时代
- 人性至上
- 众筹，为众生而生

开放
- 第三次工业革命
- 开放，没有边界
- 开放的密码

众筹观点
- 诱发一场台风
- 移动"城市名片"
- 勇敢的心

沃晒观点
- 专注
- 不疯魔，不成佛
- 尖叫点思维

沃晒实践
- 子鼠眼光
- 丑牛价值
- 寅虎之势

序一 未来·已来　　江国民

移动互联网不是趋势，而是现实。

跳过 PC 端电商，实体经济已直接拥抱移动互联网。请马上行动。

长期以来，实体经济误把互联网当作工具，从而"身在曹营心在汉"。如果再错过移动互联网时代，实体经济必将耽误三十年的大发展机遇。

移动互联网对实体经济的思维改变体现在：

对产品创新的极致化追求。由于没办法低价恶性竞争，只能把产品做到极致。移动互联网改变了传统研发的思维。

对效率的追求。免费模式时代的实体经济在移动互联网取得先发优势非常关键，要求经营思想转变为"争分夺秒，寸土必争"。丢了效率，就输了未来。

说干就干。传统实体经济的层级管理官僚制度，在点对点的扁平化移动互联网前不堪一击。是想好了再干，还是说干就干，这一选择摆在实体经济面前。

释放基层生产力。科技是第一生产力，具有释放科技能量的互联网更是第一生产力具体形式。多少实体经济的科技被企业自己埋没。众筹、融合、迭代……移动互联网极大地改变了生产力的释放方式。

身处于第三次工业革命的浪潮，不立潮头，必被潮袭。

满怀激情去拥抱移动互联网吧，未来，已来！

序二　猫头鹰的尖叫　　　　　　　　何元振

沃晒？哇噻！第一次听这个名称就觉得它很酷。

我对于这个名称有两个理解，一个是"沃晒"和"哇噻"在念起来的时候读音非常相像，好像看到了令人尖叫的东西而发出的惊叹声。用这个词形容这本书其实非常贴切，因为书里面展现了很多全新的令人想要尖叫的观点。在看的过程中，我相信你会情不自禁地不断发出"哇——噻——"的惊呼声。

我对于沃晒的另外一个理解是，好的东西应该晒出来给大家看看，就像女生买了好看的衣服、好用的化妆品晒出来跟闺蜜分享一样；或者说男生看到某辆很炫的跑车想要跟哥们讨论讨论一样。

这种分享的习惯，可能很早就有了，只是在移动互联网大肆盛行和智能手机迅速普及的当下，这种分享也就是"晒"好东西的行为才发展到极致，达到了前所未有的高潮。

这本书就如这个名字一样，晒出了很多对于移动互联网独特的有价值的见解和思考，非常值得我们静下心来读一读。

为了让拿到书或者还在犹豫要不要买这本书的读者能够更多地了解这本书，我决定再啰嗦几句。

不知道你有没有发现，这个分分秒秒都在变化的世界，有些传统的方式已经开始不灵验了；而有些过去不曾解答的问题通过移动互联网思维却找到了最佳的解决方案。

就像对猫头鹰的理解，从过去黑暗和死亡的象征，华丽变身为智慧的代表，拥有专注的思维和独立的气质。

是的，不管你承认还是不承认，接受还是不接受，移动互联网的新思维、新趋势都正在以洪水般的态势席卷我们的日常生活。

在新的浪潮中，如果你不跟上它的步伐，不随着浪潮改变角度和思维，很容易就会被后浪拍死在沙滩上。

　　于是，这本书应运而生。

　　这本书展现了华红兵对移动互联网敏锐的洞察和透彻的分析，让我们了解传统方式已被颠覆，我们必须换一种新思维。比如，过去"屌丝"是被忽视的一群，现在得"屌丝"者得天下；过去免费模式大行其道，将来会被收费模式替代；过去一个人生产内容大家看，现在人人都可以作为主编作为编辑作为作者参与到内容的生产中来。

　　书中还引用了大量热点事件作为案例，让一本看起来很高深的书适合每个人看，都看得懂。

　　最后我还想谈谈这本书的时髦。在书的后半部分，我们充分实践了移动互联网人人参与的众筹思维，那些来自不同行业的知名人士主动参与到本书的撰写过程中来，纷纷晒出了自己对移动互联网的见解，让这本书的内容变得更加丰满。

　　你看，我们绝对不敷衍了事。相信聪明的读者，是的，就是你，也难以无视这本书的价值。

序三　赢在草根　　　　　　　　郑先强

电商时代走了，移动商户来了。谁是未来的赢家？

在移动互联网时代，传统互联网也面临着被颠覆。

现实生活中，大多数人还分不清移动互联网和传统互联网有什么区别。我们需要一本书厘清两者的区别。

移动互联是生活圈，PC 互联网是商务圈。尽管 PC 互联网也有社交属性，但其基因是商务的。移动互联网为生活而来。

移动互联网是平民属性，PC 互联网是贵族化运动。前者更关注与平民有关的生活细节，解决平民生活不便；后者更像资本的盛宴，精英们娱乐平民的网络游戏。

移动互联网拥抱实体经济，PC 互联网自创了一个虚拟世界隔离实体经济。通过线上线下 O2O 模式，前者更像一个和蔼可亲的老人，平和而慈祥地拥抱大家，与每一个人分享喜悦；后者像莽撞少年，攻城掠地，四处颠覆。

移动互联网是全民盛宴。在习主席的亲民作风指引下，移动互联网来得更显及时。

序四　飞吧，猫头鹰　　　　　　黄志明

　　古希腊哲学家德谟克利特说：带爪的猛禽猛兽中，只有猫头鹰不生双目失明的后代，因为它的眼里全是火和热，所以在充满火与热的眼睛里，在没有月亮的夜晚中，也能够看清混在一起的东西。而在诞生了众多哲学家的古希腊，猫头鹰象征着预言家们透过某些征兆洞察一切的天赋。

　　猫头鹰使人联想到黑暗与死亡，也使人联想到曙光与智慧女神雅典娜。那锐利的目光、强大的洞察力、浓密的眉毛给予它沉淀及深思的智慧。猫头鹰在黄昏起飞，在自然界活动停止并静下来以后开始活动，将目光敏锐地铺向大地，用在曙光来临前的呼叫埋葬黑夜，迎接第一缕阳光的到来。

　　作为鸟类"怪胎"的猫头鹰，它有智慧而冷静的头脑，坚硬而有力的鹰喙和爪子，敏捷而灵巧的身手。噢！那炯炯有神洞察一切的眼睛，赋予它准确的方位感，潜伏在黑暗中对猎物一击而就的行动力。是的，在黑夜中，它总是高贵而神秘地存在。而唯一能与其匹敌的，只有同样的神话传说中被誉为神之子的猫。它们都有此共同点：高贵、高傲、对世俗不屑一顾。如果说猫是优雅仪态的代表，那么猫头鹰便是智慧神秘的象征。

　　在我的想象中，它们，呃，不是，应该是"他们"，应该是天生的一对！犹如在黑暗中的亚当和夏娃，在不可能的情况下偶遇了。哈哈，非常有意思的剧情。就让我们姑且称他们为亚当鹰和夏娃猫吧。在他们初遇的时候，亚当鹰看上了夏娃猫，决定泡上这个茫茫黑夜中唯一的伴侣。

　　好吧，不要关注那些肥皂剧一样的剧情了。让我们继续脑补下亚当鹰会怎么做呢！他既没有雄鹰一样可以翱翔天际的成功的气势，也没有孔雀般丰满华丽的容貌，但它有灵活敏捷的身手、智慧的头脑以及不达目的不罢休的韧性。

故事的结局自然是美好的。让我们看看亚当鹰是如何发挥自己优势击败雄鹰及孔雀这两个强劲的对手吧。

一、禀赋

拥有众多特性的亚当鹰，利用自己天生具有的智慧思维、纵观全局的视野，以及灵活的身体优势，聚起一帮人对他的欣赏和崇拜，崇拜他的智慧，欣赏他的全局视野，喜欢他灵活矫健的身手等等。夏娃猫突然发现，身边的人都在说亚当鹰的好话，自然会对亚当鹰产生好感和好奇。无数伟大的爱情故事告诉我们，当你对一个人或一件事产生好奇的时候，便是你爱上他的时候。

二、独立气质

在茫茫黑夜中，独树一格的傲然气质，敢于面对世俗却依然故我的气势，这是一种自信，一种赋予追随者安全感、安心感的自信。是的，哪怕周边一片黑暗，你也能看到他站在高处俯视着你，而无法忽视他的存在。

三、专注

在黑暗混乱的场景，清晰地发现自己的目标及方向。

四、争议

如前所述，猫头鹰是矛盾的存在。有人惊叹它的智慧，有人认为它带来凶兆。但不管怎么样，有争议，才会有人关注。有关注，才会有人气。至少不会消失于芸芸众生之中。

在黑格尔看来，哲学不能超出它的时代，某种哲学的产生总是落后于时代，因而不能给世界以任何教导或指导。他认为哲学的出现总是在一个时代结束之后。因此说，猫头鹰要黄昏时才起飞。

目录 CONTENTS

目录 CONTENTS

目录 CONTENTS

目录 CONTENTS

目录 CONTENTS

目录 CONTENTS

第 一 章

人本主义

章节导读

　　罗杰斯曾说过一句话：当我看着这个世界时，我是悲观主义者；当我审视这个世界的人们时，我是乐观主义者。在人本主义信息经济指导下的移动互联网里，实现双向链接是价值交易的关键。双向链接要求链接双方的信息是对称的。移动互联网以特有的人文情怀充当了创造永久性机制的急先锋。比如说音乐家很清楚是谁在复制他的音乐；被保险人很清楚他缴纳的保费投资到哪儿了，如何保障自己的基本利益。人们不仅要有经济，还要有经济尊严。经济尊严是指在你生病、养小孩或者变老了之后，你不会变得一贫如洗；就是不会像PC互联网的平台经济学理论下那样，你只是一个被卖来卖去的产品。所以，人本主义需要一个支撑，叫人人时代；人本主义需要一种精神，叫情感至上。

正文

在一个英雄崇拜的时代，可能诞生大量的中产阶级吗？在一个奢侈品横行的时代，可能创建一个幸福社会吗？人类的科学发展史带给我们什么样的启迪？什么是人本主义经济学？PC互联网能解决这些问题吗？

通过本章，你将了解，移动互联网的基础理念是人本主义。人文情怀、人人时代、情感至上这三种人本主义的基础属性决定了移动互联网带给人类知性的曙光。

迎着曙光，拂动一缕清新，听我讲述移动互联网的故事。

第一节　人文情怀

"英雄"已死·芮成钢

2014年7月11日，传出央视财经频道最具"国际化"的男主播芮成钢"被带走调查"的消息，一时间舆论哗然。

1995年盛夏，芮成钢以总分582分的高考成绩考进了有着"外交官摇篮"之称的外交学院。

大三的一次代表中国参加"伦敦国际演讲比赛"的机会可以说是他人生的一个转折点，自此之后，芮成钢逐渐在外交的道路上迈开了步伐。获得多个精英类、杰出青年称号，芮成钢的自信和过人禀赋开始淋漓释放。他独特的气质也给人们留下了深刻的印象。比如，"想代表亚洲问一个问题"，他问时任美国驻华大使的骆家辉，"坐经济舱来是不是提醒大家美国欠中国钱？"这样一些问题在令人瞠目的同时，也使得芮成钢得到了民众崇拜式的关注享受着明星级别的待遇。

在芮成钢的脑海里，有着一幅清晰的人脉图，他也因此被誉为"精致的利己主义者"。他对公关相当热情，甚至还创办了公关公司。在对他的印象中有拉风的捷豹车、昂贵的杰尼亚西装、结交的神秘权贵，完全是精英阶层的集中代表。

芮成钢曾是社会精英，是精英中的明星，但他不代表中产阶层。当市场体系被富人操控，被精英垄断时，财富就像资本河流汇集成的一个巨大的漩涡，有的向上涌起，有的向下沉坠。这世界上唯一不变的是，穷人更穷，富人更富。中产阶层越来越少。

有一点经济学常识的人，都懂得一个道理，中产阶层是社会的稳定剂。芮成钢们越多，中产阶层越少，更别说解决贫困问题。

如同财富的本质特征是世代相传，贫困也会代代继承。我们生活的世界原本不应该这样。

我们已知的中产阶层之所以能够长久生存，莫不依赖于完全开放的市场机制和技术进步。有中产阶层不断涌现的优质土壤，才能促进社会的稳定和长治久安。

是该干预的时候了。中产阶层大量涌现取决于两个条件：一是通过干预创造出永久性减少市场波动的机制，让他们在稳定中成长；二是让大量的非市场机制制造出来的"英雄"去死。

或许，在未来，数字网络时代能取得这种机制和干预。移动互联网以特有的人文情怀充当了创造永久性市场机制的急先锋。

别急，在了解移动互联网怎么解决社会再分配任务之前，我们需要先从根本上洞察过去社会分配的组织系统。

性格迥异的两种分配模式

在通向成功的路上，社会提供了两种分配模式。

一是明星体系，也称胜者为王体系。比如体育明星、演艺明星、明星主持、明星企业家、明星作家、明星和尚……你是否意识到，成功者只有那么极个别人。这种体系是金字塔模型，赢家高高在上，失败者永远垫底。社会被撕裂为只有明星和他的崇拜者，成为明星的几率只有千万分之一，成为失败者的几率是几成必然。所以，一个英雄不死的社会，必然是个失败的社会。

一只只蚂蚁推着个小球，把小球滚成大球，直到有一只身强力壮的蚂蚁把那只大球推到树梢。

这种体系成功是靠无数的失败来堆积的。这样的成功能有多少社会人文价值可言！在数字网络时代，胜者为王的故事不断上演。2013年，3000家畜牧业公司上电商平台无一盈利，服装生产企业"触电"后死亡率大大增加，终端实体店一片哀鸿。这一年，京东商城在美国上市，估值超阿里千亿美金。不知道京东上市后，刘强东和奶茶妹在法国巴黎街头闲庭信步时脚下踩死了多少只"蚂蚁"……

另一种分配模式是蜂窝模式。

在这种模式下，普通人占据中间部位，成功者和失败者占据中心和外围的两端。尽管蜂王可以多吃多占，发号施令，但工蜂们各自分工忙碌之余，吃得也不差。至于少数的无法靠近的工蜂处于饥饿状态也算是一种生态均衡。

我觉得，这就是中国梦的一部分：让绝大部分人处于有产状态和享受到成功者的尊严。保持极少数的成功者有助于激励社会，留下极少数的失败者有助于警醒成功。习近平主席的中国梦大概就是这样，浓郁的人本主义情怀。

然而，人本主义需要一个支撑，叫人人时代。

第二节　人人时代

中产阶层的消失

社会再分配之所以出现了明星模式，是因为市场机制不成熟。我们还没有找到一个更科学的选拔机制，使绝大多数人摆脱贫困与失败的阴影。在明星模式下，赢家通吃是必然结局，与之相对应的是更多人被逼入贫困。

奇怪的是，社会越来越发达，科技越来越进步，人类怎么就不能设计

出一个科学合理的分配机制呢？遗憾的是，中产阶层的消失已成为全球经济发展的顽疾。根据国际慈善组织"拯救孩子"的统计，2012 年有 32 个发展中国家，分配不均的贫富差距达到 20 年来的高点。

基尼系数用 0 到 100 的尺度来衡量个人所得不均的程度，0 代表人人所得均等，100 则代表 1 人拥有全国所有财富。过去 25 年来，美国基尼系数从 35 上升到 45，中国从 30 上升到 36，印度从 30 上升到 40 出头。

如果观察基尼系数还难以明了你面临的现状，那么通过薪资水平的比较，你将会发现中产阶层消失是一个趋势。根据经济合作与发展组织（OECD）统计，如果把印度上班族中薪资最高的 10% 与薪资垫底的 10% 相比较，前者是后者的 20 倍。但 20 年前，两者的差距只有 6 倍。

那些上市公司的大佬们不是中产阶层，我所说的中产阶层是指如下 8 类人：小企业主、中小企业经理人、普通知识分子、大量的设计师、小农场主、自由职业者、众多的科技工作者和今天还在挤地铁上班的蓝领白领。只有让他们有资产活得有尊严，才能产生持续稳定的社会力量。

中产阶层的消失，难道只有中国严重吗？答案是否定的。挽救中产阶层是个世界性难题，亦可说是税法问题。从这一点上讲，我认可中国梦提出的制度自信。

美国所有的利得收入有 80% 流入到金字塔顶端的十万分之一的富豪手中。支持这种分配模型的人称有钱投资的人是"就业机会创造者"。实际上，由于生产外包和全球智能创造的兴起，富豪并没有对社会就业有太多贡献。

在中产阶层的消失问题上，美国的确比中国强不到哪儿去。占领华尔街运动使美国人开始觉醒，1% 的人掌握了 90% 人的财富总和，这不是美国梦。美国前 400 名富翁拥有的财富比中产阶层（一亿五千万人）的财富总和还要多，更别说与那些纽约街头的流浪者相比。

有一个惊人的数据证明了明星模式的失败。沃尔玛（Walmart）创始人沃顿兄弟的五名子女和一个媳妇拥有的财富超越了最贫穷的 30% 美国人的财富总和。

本来，人们期望科技进步能解决这一问题。互联网的出现，使人们更加期待改变。

很遗憾，互联网把人们的梦想朝着反方向助推了一把。

对互联网思维的反思

最近流行一个段子："这年头，放高利贷的都改叫互联网金融了，做

IDC 的都改叫云计算了，做交通卡的也能叫物联网，拍电视剧的都说自己是大数据，卖煎饼果子的都叫 O2O，微信大号都改叫自媒体，做广告的都说自己是 DSP，开咖啡厅的都改叫孵化器了，圈地的都改称科技园区了，'江湖骗子'们纷纷改称互联网思维了。"

再看看当今最流行的互联网思维

人类社会每次经历的大飞跃，最关键的并不是物质或技术的催化，而是思维工具的迭代。

如今，大互联时代已经来临。互联网思维应该成为我们一切商业思维的起点。而互联网思维的本质是商业回归人性，更看重人的价值。

以下就是互联网思维导图：

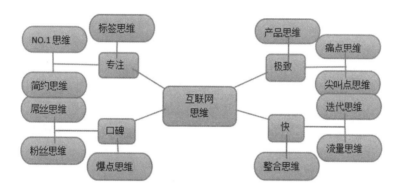

链接

互联网不仅仅是一种技术，不仅仅是一种产业，更是一种思想，是一种价值观。互联网将是创造明天的外在动力。创造明天最重要的是改变思想，通过改变思想创造明天。

——阿里巴巴董事局主席　马云

互联网其实不是技术，互联网其实是一种观念，互联网是一种方法论，我把它总结成七个字："专注、极致、口碑、快。"

——小米公司董事长　雷军

链接

互联网思维"独孤九剑"剑谱

第一式 用户思维

用户思维是互联网思维的核心，其他思维都是围绕用户思维在不同层面的展开。

用户思维是指在价值链各个环节中都要"以顾客为中心"去考虑问题。

第一招：得"屌丝"者得天下

①要充分重视屌丝，他们通过互联网聚合起来的消费能力惊人。

②要了解屌丝心态，在归属感、存在感和参与感上下功夫。

③要意识到互联网"长尾经济"的厉害，屌丝能量不容小觑。

第二招：兜售参与感

①用户参与到产品研发与设计当中，即 C2B 模式；

②让用户参与到品牌传播中，即粉丝经济。

案例 2013 年 12 月 27 日，互联网知识型社群"逻辑思维"成功进行了第二次社群招募，号称"史上最无礼的会员招募"，唯一通道是微信支付，一天之内轻松募集 800 万元。

第三招：用户体验至上

用户体验是最强的 ROI（投资回报率）和最重要的 KPI（绩效考核）。

用户体验要前置，要让顾客感受到不要把精力耗费在擅长而无意义的点。

案例 2014 年 2 月在淘宝和天猫平台上，零售类目总销售额约 17 亿元。销售排名第一的三只松鼠成交金额超过 8000 万元，成交笔数接近 2000 万元。

第二式 简约思维

在产品规划和品牌定位中，要力求专注和简单。

而对于产品设计，则力求简洁和简约。简约，意味着人性化。

第一招：专注，少即是多

越专注，越专业！

尤其是对于小创业者来讲，在创业时期，做不到专注，就不可能生存下去！

案例 HTC 正在没落，这是个毋庸置疑的事实。根本问题是，HTC 在产品定位和产品规划上出了问题。HTC One x，Buffterfly，One 每款都是旗舰，但都淹没于机海。

第二招：简约即是美

外在部分，要足够简洁；内在部分，操作流程要足够简化。

简约意味着人性化，是人性最基本的东西。

人性都是懒的，你能让我少一步，我就更愿意用这个产品。

案例 张小龙原话："自然往往和人的本性相关。"微信的摇一摇是个以"自然"为目标的设计。"抓握""摇晃"是人在远古时代没有工具时就具备的本能。

第三式 极致思维

极致就是把产品和服务做到最好，超越用户预期。

只有极致思维，才有极致产品。

打造让用户尖叫的产品，服务即营销。

第一招：打造让用户尖叫的产品

痛点：用户需求必须是刚需的，是用户急需解决的问题。

痒点：工作和生活中有别扭之处，既乏力又欲罢不能。这就是痒点。

兴奋点：给用户带来"WOW"效应的刺激，产生兴奋点。

案例 2014 年 3 月 18 日，红米 NOTO 发布。短短几天之内，QQ 空间预约人数突破 1000 万。

第二招：服务即营销

极致就是超越预期。

那么极致的服务，自然也与超越用户的预期对应。

进入并了解用户的内心世界，自然彼此可以感同身受。

第四式 迭代思维

第一招：小处着眼，微创新

你的产品可以不完美，但只要能从用户心里最甜的那个点把问题解决好，有时候就能四两拨千斤。这种单点突破就叫"微创新"。

众多的"微创新"可以引起质变，形成变革式的创新。

案例 截至目前，360 随身 WiFi 已经诞生一年多了，售卖接近 1000 万台，为广大网友节约了大约 13 000TB 流量，成为广大网民们人手必备的上网神器，其中学生群体则是购买主力。

第二招：天下武功，唯快不破

快速迭代，是针对客户的建议以最快的速度进行调整，融合到新的版本中。

对于互联网时代而言，速度比质量更重要。客户需求快速变化，因此不应追求一次性满足客户的需求，而要通过一次次的迭代让产品的功能更加丰满。

第五式　流量思维

流量意味着体量，体量意味着分量。

免费往往是获取流量的首要策略。

量变才能引起质变，要坚持到质变的"临界点"。

第一招：免费是为了更好地收费

想做互联网，必先"自宫"，让用户端没有成本。这样产品会不断创新，然后再来建立其他的商业模式。

这才是互联网和移动互联网的法则。

案例　360最开始做杀毒的时候，采用了免费模式，给整个杀毒软件市场来了个大搅局。而360在积聚了大量的客户后拓展了浏览器市场，通过增值服务实现了盈利。

第二招：坚持到质变的"临界点"

互联网企业最美妙的事情就是当用户达到一定的规模后突如其来的"质变"。QQ从一个聊天工具显示窗变成了一个社交平台；微信从一个"约炮"工具变成了一个"互联网入口"，成就了一个腾讯帝国。

从2011年初的一款仅仅是发送文字和照片的微信1.0，到现在汇聚6亿多人，集成了社交、移动支付、金融、打车等的微信5.2，它早已成为一大互联网入口。

第六式　社会化思维

在社会化商业时代，用户是以以往的思维形式存在的。

利用社会化媒体可以重塑企业和用户之间的沟通关系。

利用社会化网络可以重塑组织管理和商业运作模式。

绝招：社会化媒体，重塑企业和用户的沟通关系

社会化媒体的重要特征是人基于价值观、兴趣和社会关系链接在一起。

公司面对的用户是以网状结构的社群形式存在的。

社会化媒体的本质就是"人人都是自媒体"。

案例　锤子手机自从罗永浩宣布发布以来就饱受争议。锤子 ROM 的推出，在骂声和支持声的交织下，却为罗永浩和锤子科技带来持续的热度和数百万的死忠粉丝。

第七式　大数据思维

大数据的价值不在大，而在于挖掘和预测的能力。

大数据思维的核心是理解数据的价值，通过数据处理创造商业价值。

数据资产成为核心竞争力，小企业也要有大数据。

绝招：数据资产成为核心竞争力

在大数据时代，企业战略将从"业务驱动"转向"数据驱动"。

海量的用户访问信息看似零散，但背后隐藏着必然的消费逻辑。大数据分析能获悉产品在各区域、各时间段、各消费群的库存和预售情况，进而进行市场判断，并以此为依据进行产品和运营的调整。

案例　1 号店网站作为企业和消费者互动的门户，每天承载着上千万的商品点击、浏览和购买，汇聚了海量的数据。对于 1 号店，这是改进运营的依据。

第八式　平台思维

平台是互联网时代的驱动力。

平台战略的精髓，就是构建多方共赢的平台生态圈，善用现有平台。

让企业成为员工的平台。

第一招：构建多方共赢的平台生态圈

未来商业竞争不再只是企业与企业之间的肉搏，而是平台与平台之间的竞争，甚至是生态圈与生态圈之间的战争。单一的平台是不具备系统性竞争力的。后来者很难撼动 BAT（百度、阿里、腾讯）三大巨头的地位。

案例　百度基于搜索平台的技术资源、用户资源和品牌资源，为大众用户开发出游戏、音乐、旅游、地图、视频等多种免费服务。同时，在每一种免费服务背后，都存在付费的一方。

第二招：把企业打造成员工的平台

互联网时代，"火车跑得快，全靠车头带"的火车理论，已经让位于动车理论，每节车厢都有一个发动机，这样整体的速度才会提得快。

对组织来讲，不应该只有领导是发动机，每个人都要成为发动机。

案例　小米的组织架构基本只有三个层级：七个核心创始人——部门

领导——员工，团队不大，稍微大一点就拆分成小分队。除七个创始人有职位，其他人都没有职位，都是工程师，晋升的唯一奖励就是涨薪。

第九式 跨界思维

互联网企业的跨界颠覆，本质是高效率整合低效率。

寻找低效点，打破利益分配格局。

挟用户以令"诸侯"，敢于自我创新，主动跨界。

第一招：寻找低效点，打破利益分配格局

互联网的颠覆本质上是对传统产业要素的重新分配，是生产关系的重构，从而提升运营效率和组织效率。

互联网跨界进入的时候，思考的都是怎么才能够打破原来的利益分配，干掉最大利益方，这样才能重新洗牌。

案例 原来买火车票要在火车站长时间排队，而且还不一定有票，这显然存在一个低效问题。网上售票之后，不仅不用长时间排队，订票也更加方便。

第二招：挟用户以令"诸侯"

跨界的互联网企业，一方面掌握用户数据，知道用户的收入情况、信用状况、社会关系、购买行为数据等；另一方面他们具备互联网思维，懂得自始至终关注用户需求和用户体验，也就自然能够挟用户以令"诸侯"。

案例 2014年1月，2013年6月份上线的余额宝理财产品基金规模已达2500亿元，客户数近5000万户，成为行业第一。对于传统的商业银行，余额宝已经成了头号大敌。

第三招：敢于自我颠覆，主动跨界

传统企业的领地正在越来越多地被互联网公司侵蚀，甚至一些占据明显优势的传统企业也难以抵挡互联网新生代的冲击。不少领先企业有了"富二代思维"，仰仗资源，反而缺乏竞争力。

案例 淘宝 VS 微淘。马云：我们告诉阿里巴巴的无线团队，你们的职责就是灭了淘宝。什么时候灭了淘宝，那么什么时候就是成功的时候。请问，为什么马云连阿里巴巴与淘宝"来往"都不行！

经济学家许小平说，互联网思维很荒谬。互联网是人类历史上众多的创新之一。人类第一大创新是蒸汽机，谁听说过有蒸汽机思维？随后是铁路，也没有提到思维。我们经常忽悠别人时把自己也忽悠进去。

许小平先生说的不是没有道理。在互联网思维席卷全国时，一小批冷静的学者虽声音微弱，却不曾被遗忘。

我认为，以"专注、极致、口碑、快"四个主要特征定义所谓的互联网思维其实是不准确的，准确的定义是"PC 互联网企业思维特征"。原因有三。其一，它是 PC 端纯互联网企业的主要特征描述，不可能让实业完全效仿，专注不意味着实业家要放弃跨界思考。不然的话，乔布斯就该只做电脑而世间将没有 iPhone。其二，极致不意味着实业家放弃产品线宽度的拉宽，对极致产品之外的小品种产品的研发恰恰是支撑极致产品研发的泛技术的应用支持。其三，在广泛的实业界，快制造不符合产品品质流程控制的基本原理。

"专注、口碑、极致、快"的原理倒是与互联网领域的创业型企业不谋而合。在激烈竞争的互联网领域，在赢家通吃的残酷竞争中，互联网创业企业只有保持专注与极致才能在细分市场崭露头角。缺乏资金只能放弃广告做口碑。当互联网巨鳄们闯入这些创业者领域时，创业者要么被吃掉，要么快闪。

所谓的互联网思维就连互联网巨头们也不认同。如果马云专注于淘宝模式，就不可能有余额宝这样的互联网金融产品的诞生。如果腾讯专注于 PC 端的 QQ 社交，就不可能有基于通讯手机端的伟大产品微信的诞生。而微信从诞生到优化是一个漫长的过程，"专注、口碑、极致、快"不是微信研发上市的主要特征，相反，慢慢优化是微信团队正在实施的战略。

鉴定一个行业的思维是不是一个国家的时代思维，必须具备如下三个条件：

其一，它必须是全民参与的创造，而不是少数人的聒噪。

其二，它必须是一个所有行业升级到一个完全崭新时代之精神，而不是某个特定行业的属性。

其三，既然是思维，就必须有开放兼容精神。

显然，所谓的互联网精神不符合以上原则。IT 行业从硬件、软件、互联网，如今发展到第四代移动互联网。而移动互联网才具备创造一个时代共同思维的能力，因为它的属性符合"全民参与、全行业升级和开放兼容"。

我认为，所谓的互联网四个思维是移动互联网思维的一小部分。而 PC 互联网关注性较弱。因此，本书以"沃晒观点"为轴向读者展现移动互联网思维的全景风貌。

PC 互联网的结构洞缺陷

PC 互联网根本就不是真正的互联网，他已经完全背离了人类发明互联网以应对全球危机的初衷。PC 互联网更像一个金融产品，烧钱与吸金是它贪婪的出入口。

从经济学上来说，很少有人能靠工资成为富翁。成为富翁必须靠资本。他们把资本在各行业投资，如房地产、股市及其他有回报的领域。就像筑坝一样，把流动的资金围起来筑成越来越高的坝，不让资金蒸发或向下游流动。而工资的流动性较强，因此穷人越来越穷，富人越来越富。

假设我们把世界分为三种人：富人、中产者和穷人，你会发现，这三种人都在筑坝以防资金外流。但这三种人的筑坝方式大相径庭。

在过去的 20 年中，计算机推动了 PC 互联网热潮，免费模式大行其道，于是所有人构筑的资金池堤坎都面临着冲击。由于穷人的钱太少，所以这种冲击对穷人来说微乎其微。但对于中产阶级来说是毁灭性的冲击，因为他们处于产业链的中游，不像富人那样，富人可以掌握上游的资讯和资源。这也是中国股市大多数人赔钱的原因，因为他们不掌握上游的资讯。

信息是个好东西吗？对掌握信息源头的人来说，信息的价值很大。一旦资本和信息对接，贫富差距会越拉越大。这就是互联网信息存在的结构洞缺陷所致，而且这种缺陷不可逆转。

可怕的现象终于出现了，在"信息超级流动"和"资本超级流动"的冲击下，中产阶级的堤坝一个接一个倒塌。随着知识产权、版权保护、工业品设计知识产权保护的力度被互联网削弱，这种倒塌的速度会加快。别忘了，中产阶层是靠工资加知识产权吃饭的。当互联网剥夺了他们的知识产权的时候，他们只剩下工资变成穷人。

PC 互联网在剥去了中产阶层的经济外衣后，还让他们失去了经济尊严。音乐家不再能靠版权吃饭，需要靠演出吃饭。越来越多的人不从事音乐原创而热衷于分享复制。

人类不幸设计出来的强大数字网络将它的最具群体性的中产阶层放倒在地，其主要方式是推行数据复制。当盗版唾手可得时，文件分享变成了快乐者的常态。

那么如何创造出一个理想化的机制，以期对创新型的人才进行灵活的奖赏，而不是依靠资本的奖赏？看来，PC 互联网没有解决问题的办法，只能依靠移动互联网了。

链接

照理说，美国不该脱马云的内裤——毕竟马云是去美国给美国股民送钱。也许世界上最严格的美国股市对未来还是有疑惑，有"洁癖"！容不得欺骗……

随便查查你就知道，阿里巴巴注册在开曼群岛（英属），公司属地也是开曼群岛！办公地在中国。本质上这家公司是个英国公司！根本不是中国公司！

对比美国著名公司，美国没有一个著名公司是注册在开曼群岛之类的离岸金融地！

这就是区别！

理由是另外一码事！反正它不是中国公司！

不是中国公司，日本等国家控股着阿里巴巴。而它却赚着中国人的钱，然后再去美国上市，向美国输送财富……

最后，弄得连美国人都看不下去了……

令人瞩目的阿里巴巴集团 IPO 现被舆论称为将是大陆公司规模最大的一次融资。外界预计这次 IPO 可能融资金额高达 200 亿美元，阿里巴巴公司市值可能超过 2000 亿美金。但马云并没有公布所有股东的信息，也没有说明少数股东复杂而深厚的政治背景。

阿里巴巴未公布所有股东资料。

按照纽约股票交易所 IPO 的常规流程，阿里巴巴公司在其备案文件中公布了 70% 的股份持有者身份：除董事会主席马云和副主席蔡崇信等公司高层外，还包括美国雅虎、日本软银（Softbank）等外国知名跨国公司。

但其他股东的详细信息可谓少之又少，尤其是有关中国大陆的主权基金、博裕资本、中信资本、国家开发银行的投资机构国开金融和新天域资本等相关信息。美奇金（北京）投资咨询有限公司联合创始人杨思安表示，在众多的国家部门中，阿里巴巴拥有许多方面的利益盟友。

四名股东背景深厚：

在上述四家大陆企业中，有 20 多名高官的子孙担任这些公司的高层，显示高层与金融界有着非同一般的关系。博裕资本，通过其子公司 Athena China Limited 持有阿里巴巴股份。其投入的 4 亿美金，得到的回报已超过 10 亿美元。国家开发银行也是如此。中信集团投资中信 21 世纪医药数据公司，而马云在今年 1 月通过自己成立的一家投资基金公司，与阿里巴巴一起收购了该医药数据公司的多数股份。

阿里巴巴所有权结构错综复杂：

2011 年成立的 Legacy Capital，在 2013 年底已拥有博裕资本基金 I、新天域资本 IV 和 Athena China Limited 等离岸公司股份，而这些公司都是阿里巴巴的股东。其中博裕资本是通过注册地在英属维尔京群岛的 Athena China Limited 持有阿里巴巴的股份。而 Athena China Limited 却是由一家离岸公司 Prosperous Wintersweet BVI 控股。Prosperous Wintersweet BVI 的所有人则是开曼群岛的博裕资本基金 I。

如此层层通过加勒比海的离岸空壳公司持有股份，都是为了避免美国《反海外腐败法》的追查。摩根大通中国投资银行 CEO 就因涉嫌雇佣高官子女谋取经济利益，触犯《反海外腐败法》而辞职。

虽然这些公司所持有的股份不大，但其深厚政治背景的影响力却很大，令人不禁质疑阿里巴巴的运营透明度。外界分析人士预计，这次 IPO 可能让阿里巴巴的市值超过 2000 亿美金。如此一来，持有 1% 的股份都价值 20 亿美元。目前，阿里巴巴、中信资本、国开金融、博裕资本和 Legacy Capital 都拒绝对股权关系发表任何评论。

中国电子商务巨鳄阿里巴巴赴美上市，又被外媒爆出争议事件。华尔街日报指出，创办人马云的投资行为模糊了个人和企业利益的界线，可能对阿里巴巴股东带来不利影响。

"阿里巴巴创办人近期交易引发外界警觉！" 斗大的标题，华尔街日报指出，马云与合伙人谢世煌、史玉柱在 4 月以人民币 65.4 亿元，约新台币 313.92 亿元，入股有线及网路电视业者华数传媒（CN－000156）。当时阿里巴巴将入股所需大部分资金借给公司高层谢世煌投资。

报导指，马云同时持有阿里巴巴和华数传媒股权，造成潜在利益冲突。由于阿里巴巴不直接持股，若马云或其他合伙人牺牲阿里巴巴，以华数传媒的利益优先，股东基本上束手无策。

中央大学经济系教授邱俊荣说："它的确不具备一个非常好的监理制度，他的公司治理是有问题的。这样子，没有规范的资金挪移，对其他的合伙人或是其他小股东来讲，当然都是一个非常不公平的事情，对于一个想要在美国上市的公司，当然理论上应该要受到更严格的监督。"

专家警告，这类投资模糊了个人和企业利益的界限。其实，阿里巴巴和马云成立的私募股权基金——云峰基金持续联于投资其他公司，包括今年 1 月及 4 月分别宣布收购中信 21 世纪和优酷土豆。

第三节　人性至上

人性会改变吗

在栖息于地球上的一切动物之中，初看起来，人类很强大。其实最被自然所虐待的似乎也是人类。自然赋予人类以无数的欲望和需求，而对于缓和这些需求，却给了他薄弱的手段。正所谓，欲使之灭亡，先使之疯狂。

人类其实很脆弱，相比其他动物而言。不但人类所需要的维持生活的食物不易为人类所寻觅，甚至至少要他劳动了才生产出来。而其他动物却是乐享大自然的成果。人类还必须备有衣服和房屋，以免为风雨所侵扰。

城市中的人们还住在他们自己造的污染盒子里。

总有一天，人们会意识到，这个世界上最珍贵的东西将是空气和水。然而，今天人们享受着对空气和水的免费模式，一如互联网上所强调的"免费模式"一样。

人性有善恶之分吗？互联网时代的善恶如何界定？历史告诉我们，包括伟大的互联网在内，任何工具都能为善，也能为恶。网络或许改变了我们的思考方式，也改变了我们的交际方式。但网络无法改变人性，只不过人性将以新的方式呈现出来而已。

全世界都进入了网络时代，创造了横跨全球的庞大神经系统，每个人都连接着全球脑，享受着免费咨询的同时，我们还不得不面对其中隐含的两难困境。

链接

●一边是希望信息免费的人，另一边是想透过控制信息和交换信息来获取财富与权力的人。

●一边是希望大众拥有充分自由的人，另一边是想要掌控大众生活的人。

●一边是想在社群网站上自由分享私人信息的人，另一边是以意想不到或甚至有害的方式利用这些信息的人。

●一边是任意搜集大量顾客信息的网络公司，另一边是重视隐私的顾客。

●一边是传统权力中心（曾在如今逐渐崩解的旧信息秩序中占据有利地位），另一边是新兴的权力中心（正在即将酝酿成形的新模式中找寻自己的位置）。

●一边是重视透明度的激进分子（以及激进黑客），另一边是重视保密的国家与企业。

●一边是重视知识产权的企业（运营模式能否有效运作，要视联机计算机中储存的智慧财产能否受到充分保护），另一边是竞争对手（试图利用其他同样可以链接上网的计算机来窃取同业的智慧财产）。

●一边是网络犯罪（想在网络上庞大的信息与资金流中寻找新的犯罪目标），另一边是执法单位（政府遏止网络犯罪的策略，有时会试图侵犯个人领域，可能会摧毁好不容易才建立起来的公私领域界限）。

PC 互联网所创造的困境有一个理论依据，那就是科技思想家布兰德所说"资讯想要变成免费"。但布兰德真正的说法其实是"一方面，资讯想要变得昂贵，因为资讯的价值是如此宝贵。另一方面，资讯又想要变成免费，因为资讯取得的成本不断下降。所以有两种趋势相互对抗"。

资讯有一种特殊的资源属性，它和土地、矿产、石油、房屋或货币资源有很大不同。你可以卖掉资讯或送出资讯，却仍然拥有资讯。分享资讯的人越多，资讯的价值越大。逻辑思维的价值就是这个原理。

许多互联网大公司很习惯在未经允许下收集顾客和用户的资讯。如脸谱之类的社交网站及 Google、百度之类的搜索引擎。因为他们的商业模式主要仰赖广告收入。为了达到最佳广告效果，他们会固定地专业地收集每个用户的个人资讯，以满足广告商的要求。

事实上，所有的网站都把顾客当成它的产品。在中国用户数据库交易中，拥有 200 万个精准用户数据，卖出几千万人民币是再正常不过的行业潜规则。PC 互联网留下的一个毒瘤，就是极度商业化造成的非人性化。

用户必须接受这一现实——谁让你吃了资讯的免费大餐呢？事实上，所有免费的都是最昂贵的。

正是 PC 互联网的非人性化进程才促使人们去思考，下一代的移动互联网如何做到人性化？移动互联网之所以是 PC 互联网的迭代产品，就是移动互联网从顶层设计到不断优化，都是实践着它的三大基本属性，以实现彻底人性化。

第一，从免费模式过渡到收费模式。

在移动互联网初始阶段，免费模式和收费模式会并行。当然得承认，在强大的 PC 互联网免费模式面前，让人们转变观念非常困难。但移动互联网一定会过渡到收费模式。

未来，你下载一个新闻频道的 APP 每月将收费 5 元钱，因为他承诺不打广告并保证新闻的原创性。

你下载一个移动商城的 APP 每月将收费 10 元钱，因为他承诺高品质的产品服务并且是全球最低价，他还对保护你的隐私负法律责任。

你下载一个健康医疗的 APP 将收费 1000 元，每年，因为对你的一般性医疗咨询是由最出色的专家接待，还能为你安排住院，搞定让你进入专家级医疗的快通道。

你下载一个法律专家组成的 APP 每人每年也将收费 1000 元。APP 里面各种法律专家的助理回答你的一般性咨询，而法律专家负责诉讼活动。

第二，从虚拟互联网过渡到真实互联网。

从虚拟到真实是移动互联网收费模式的数据依据的实现前提。实现这一点，对于一人一部手机构成的真实的移动互联网世界不是难题。

在未来，移动互联网的每一个用户都应该有一个源代码。不同于 PC 互联网的用户虚拟代码制，移动互联网的个人源代码是私有财产，并非公共资讯，无形中增强了移动互联网的安全感。只有安全感的形成，才会有社区交友的社交属性的存在。

真实网络的源代码制，是保护中产阶层的堤坝。毕竟人们会慢慢变老，他们可以因为年轻时为世界提供的创造性资讯而获得酬劳。这就是人本主义信息经济里的网络道德，移动互联网无疑将担负起拯救网络世界后遗症的重任。

第三，从平台经济学到人本主义经济学的认识转变。

人们希望得到免费信息，你却要收费，这似乎不近人情。但如果知道其他人也为你在生命过程中创造的信息付款时，你就想通了。换句话说，在移动互联网，人人都是用户，人人都是创造者，人人都是收费员。

接下来的问题是要创建一个可持续的交易模式。使交易可持续的关键是买卖双方的价值对称。这一点对于精算师而言不是难题。难的是，我们必须转变观念，认识到人本主义的基本理念是信息起源弥足珍贵。信息的背后是人，他们为网络提供的个性化的创造作品，理应得到酬劳。

在人本主义信息经济指导下的移动互联网里，实现双向链接是价值交易的关键。双向链接要求链接的双方信息是对称的。比如说音乐家很清楚是谁在复制他的音乐；被保险人很清楚他缴纳的保费去哪儿投资了，如何保障被保险人的基本利益。

人不仅要有经济，还要有经济尊严。经济尊严是指在你生病、养小孩或者变老了之后，你不会变得一贫如洗。经济尊严就是你不会像 PC 互联网的平台经济学理论下，你只是一个被卖来卖去的产品。

　　所幸，众筹模式开启了移动互联的第一扇可实现的大门。

第四节　众筹，为众生而生

　　当你有梦想的时候，你就可以触摸到梦想。这是多么神奇的体验。就是众筹开启了这样一个梦想的时代。

　　让我们从互联网金融说起。2013 年是互联网金融的元年，第三方支付、众筹、P2P 首先引发了巨大的浪潮，催生了巨大的变革和机会。在这浪潮奔涌的途中，突然杀出了程咬金——余额宝。在余额宝推出的当月就吸引了 250 万的用户群，并且规模不断升级，直至出现雷同产品的突发汇集。这一创新产品大大撼动了传统银行的商业基础，这让传统金融机构感觉到固有的制度红利已然黯淡，不得不策马加鞭追赶。比如，平安银行通过平安金科进行大数据融入，大面积推广自家的壹钱包来抢占移动支付的头版。这一搅动也激发了互联网金融的创业热潮。对业界而言，互联网金融将会带来不可预测的颠覆性暴发。

　　随着互联网金融的逐步深入发展，移动支付将成为常态支付手段，也必将成为各个巨头的杯羹之争。相关公司也开始从传统理财的思维中跳出来，专注于产品开发和提供各种移动理财产品，结合传统的交易模式推出移动交易服务来满足客户的多元需求。金融机构将更加关注 APP 模式中的客户体验，在盈利的基础上强化服务和开发性能。在移动互联网的"第五次浪潮"到来之时，基于移动互联网金融的跨业合作将成为主流，而最稳妥的联盟方式已不再紧跟时代，根据自身所依附的平台找到适合发展的移动金融模式才是重要之举。

相对于传统的证券融资、银行融资，众筹模式以它独特的人格魅力占取了主流地位。众筹主要是指通过实物、作品股权等回报形式，借助互联网等公众平台向公众募集资金的一种融资方式。目前比较重要的众筹平台里，一个是在 1997 年成立的一家叫 Artistshare 的英国众筹网站，它所资助的项目中有 6 项获得格莱美音乐奖提名，这在众筹界是很难得的。另外一家是在美国的 Kickstarter 的众筹平台，也诞生了很多成功的作品。

众筹的基本规则是：你先要在众筹网上发起项目，而后等待项目支持者的资助，待项目成功后要按照之前设定好的回报去兑现和实施；如果宣布项目失败，则要退回款额。这种模式只是一种代表性模式，其中还有很多的交叉模式，诸如捐赠模式、股权模式、奖励模式等。

它的突出优势在于它"物美价廉"。低门槛、低规模和低成本的融资模式使众筹可以很快地把创意和想象变成落地产品，在与关注者进行展示和互动中实现终极价值。可以说，众筹打破了在融资渠道上的障碍，打破了陌生人间的信任壁垒，融资的范围和方向变得宽广，众筹的公益式对接和广泛的人员参与也在一定程度上提升了社会的创新机会和推动梦想实现的可能。你在有梦想的时候就可以借助这一时尚的方式来实现梦想。这是一种有效策略，也是一种有前途的趋势。

梦想是美丽的，也多半是飘缈的，但在众筹的有力支持下，梦想也可以开花结果。诸如"单向街""十万个冷笑话"等项目的成功，全都是众筹梦想的落地。无疑的是，支持梦想实现的草根众筹者需要的并不是金钱，而是对于梦想支持的特别体验。2013 年的奥斯卡颁奖礼上，*Inocente* 一部最佳纪录片引起人们的关注。这不仅仅因为片中在困苦中依然坚持梦想和价值寻求的让人感动的小女孩，更因为在这部剧成形的背后是众筹平台 kickstarter 上来自支持者的捐助支持，爱心加爱心的交织，聚集成艺术和现实的永恒魅力。当众筹遇见互联网，如同神灯的咒语，我们相信有无数奇妙的可能等待着被发掘。

链接

"腾讯银行"敲定副行长

由腾讯作为大股东和主要发起人的前海微众银行虽然低调，却难以继续保持神秘。

这家正在筹备开业的银行是中国2014年7月首批获准筹建的三家民营银行之一，最迟将在9个月内诞生于深圳。其筹建期的办公地点位于深圳南山区田厦国际。

据悉，前深圳银监局政策法规处处长秦辉有望就任前海微众银行副行长，这位多年任职于银行监管机构的官员现已从深圳银监局离职。秦辉曾先后担任深圳银监局非银机构处处长、股份制银行处处长、政策法规处处长，监管履历十分丰富。

关于行长人选，业内猜测焦点集中于前中国平安集团执行董事兼副总经理顾敏。顾敏于2013年11月以个人原因离开效力12年之久的平安集团。离职前，他长期负责平安集团的互联网金融业务，还曾负责平安后台运营及创新业务。

有消息人士称，腾讯最初相中的前海微众银行掌门人是前中信银行信用卡中心总裁陈劲，"腾讯看他在消费信贷这块的建树，但他却转向了保险领域。"中信银行信用卡中心在互联网领域的探索颇多。2014年3月，中信银行曾与支付宝、微信分别合作推出虚拟信用卡业务，随后被央行"暂停"，陈劲正是这次合作的重要推动者。目前，陈劲已转任腾讯、阿里、平安合作创立的众安保险总经理。

猎集高管之外，腾讯目前正从各股份制银行乃至银监系统积极"选人"。既为前海微众银行招兵买马，也为它更大视野内的金融棋局筹谋布子。

在前海微众银行的股权中，腾讯占30%、百业源占20%、立业集团占20%，剩余30%中，占股10%以下的企业股东资格将由深圳银监局审核。立业集团亦是广发银行、华林证券、平安集团的十大股东之一，其旗下还有立信担保和立信基金，此外还参股多家商业银行。公司实际控制人林立在深圳被称为"隐形富豪"。

根据此前中国银监会披露的信息，前海微众银行将以服务个人消费者和小微企业为特色。"此番腾讯获批的银行并非互联网银行。首先它有物理网点，这仍然是传统银行的套路；另外一个重要的佐证是，它并没有摆脱特定区域经营的限制。"人人聚财CEO许建文在谈到前海微众银行的模式时说。

但一位 PE 从业人士在分析前海微众银行可能的业务方向时，表示其"运营成本将大大低于传统银行，最有可能成为在消费者金融服务领域有所创新的数据平台"。

腾讯内部的知情人士透露，未来前海微众银行将在技术上有颠覆，业务有别于传统银行，并会与腾讯产品线结合。"因为有了金融牌照，所以哪个产品线有金融需求，理论上来说可以得到更好的支持。产品设计会是双向服务，一是对客户，一是对腾讯，但具体形式还没有完全定下来。"

对于前海微众银行究竟将主要采取网络渠道还是实体门店开展业务的疑问，腾讯官方回复明确表示会"更多采用互联网的方式进行"，但具体模式还需等开业时公布。

自 2012 年起，腾讯在基金（理财通）、证券（佣金宝）、保险（众安保险）等金融领域陆续有所布局，但均是利用自身平台和用户优势与其他金融机构合作完成。前海微众银行使其首次自主拥有金融牌照。这在某种程度上激发了人们对于中国诞生"互联网银行"的憧憬——假如在互联网巨头的操盘下，一家银行能够实现网络揽储和贷款，则它对于传统银行存款、信贷的冲击，绝不仅是 2013 年余额宝带来的震撼可以比拟的。

链接

2014 年中国众筹模式上半年运行统计分析报告

《2014 年中国众筹模式上半年运行统计分析报告》分为五个部分：

一、中国众筹模式运行环境分析

对 2014 年上半年国内外众筹模式发达的国家市场情况进行跟踪统计，并以此为基础对中国众筹模式外部环境进行综合分析。

2014 年上半年，美国国内众筹模式共发生募资案例近 5600 起，参与众筹投资人数近 281 万人，拟募资金额共 10426.99 万美元，实际募资金额 21508.61 万美元，募资成功率为 206.28%。

二、中国众筹模式运行情况分析

从供需角度以及平台运行情况对国内众筹模式进行统计和分析。据私募通数据，2014 年上半年，中国众筹领域共发生融资事件 1423 起，募集总金额 18791.07 万元。其中，股权类众筹事件 430 起，募集金额 15563 万元。股权众筹融资项目以初创期企业为主，所以投资阶段主要为种子期和初创期。奖励类众筹事件 993 起，募集金额 3228.07 万元。综合类众筹平台实际供给事件 708 起，垂直类众筹平台供给事件 285 起，综合类平台发生的实际供给事件数量约为垂直类众筹平台供给事件数量的 2.5 倍。

上半年在综合类众筹网站中，众筹网各项数据均排名第一，领跑其他平台。在项目数量上，众筹网为其他两个平台在线项目数量的 4 倍左右；支持人数略高于中国梦网，4 倍于追梦网；从已募资金额来看，众筹网占比 67%，为其他两个平台总量的 4 倍以上。

三、众筹平台发展分析

我们对股权类众筹平台、奖励类众筹平台进行了统计发展分析。

从单个项目实际融资规模来看，2014 年 1 季度，股权众筹实际募资金额 4725 万元，平均单个项目成功融资 16.88 万元，2014 年 4 月，6 个项目完成融资 950 万元，平均单个项目融资规模近 160 万元。5 月，平均单个项目融资规模 65.41 万元，较 4 月份有所下降。6 月，平均单个项目融资规模为 69.1 万元，较 5 月份略有上升。从投资者单笔投资金额来看，2014 年一季度，每个投资者每笔投资金额为 12.63 万元，4 月为 17.92 万元，5 月为 16.35 万元，6 月为 14.5 万元。趋势表现为先小幅上升后稳步回落。

2014 年 1 季度，奖励类众筹成功募资规模近 520 万元。根据第一季度的众筹市场项目数量及投资人数推算，平均每个项目成功募资 3.67 万元，平均每个投资者投资近 220 元。4 月，平均每个项目可成功融资 1.49 万元，平均每个投资者投资 162.13 元。5 月，每个项目融资近 2.5 万元，平均每个投资者投资 394.8 元。6 月，每个项目可融资金额 3.8 万元，平均每个投资者投资 337.6 元。

四、众筹模式发展问题总结

根据上半年各众筹平台的各参与主体发生的实际投融资情况及监管动态，对股权众筹模式自身及股权众筹平台存在的问题进行总结。

五、众筹模式内投资风险提示

结合 2014 年上半年众筹模式发展特点及趋势，结合所处互联网金融行业总体发展情况的分析，对众筹模式未来发展作出展望并对风险进行相应提示。

2014 年，我国众筹元年。据世界银行发布的众筹报告称，中国将是全球最大的众筹市场，预计规模会超过 500 亿美金。主要原因有以下三点：首先，众筹沉稳的金融逻辑适合中国草根融资者的需求；其次，民间资本通过众筹的方式可以解决中小企业特别是创业企业融资难的问题；再次，众筹的想象力很大，可以在各个领域延伸。在众筹模式下，几乎所有的互联网金融模式都可以囊括。譬如，众筹网已经涉足多个领域，如艺术众筹、电影众筹、农业众筹、传统服务业众筹等。创新产业融合的模式逐渐增多。

2014 年上半年，我国众筹领域共发生融资事件 1423 起，18791.07 万民间资本进入众筹领域，一方面使投资者通过众筹可以投资自己感兴趣的项目，获得初创期企业的股权，分享企业的成长；另一方面也使初创期企业通过众筹模式获得企业生存最为重要的现金流。6 月底，监管层表示众筹监管细则将推迟至年底出台，下半年股权众筹的退出机制问题将如何解决，各领跑众筹平台又将有怎样的新功能推出，我们拭目以待。

随着 kickstarter 众筹模式的推行，国内开始涌现众多的众筹平台。从不同的角度可以划分出不同的种类，其中既有综合性的主题众筹类，同时也有特定行业的垂直众筹类等。但由于新兴的不完善以及环境等各方面的限制，我们的众筹平台还没有展现它应有的能量和威力。作为一种崭新的金融模式，它必然还有缺陷和有待完善的。我们可以看看众筹模式几个基本的属性特征：

它依然延续了传统投资模式的痕迹，带有一定的风险系数；从销售层次看，它又具有了试探性质的预购特征；但它最值得关注的是在社交模式大力开启的人人时代，它通过有效与社交结合来围绕梦想的含义做文章，这是它无可替代的优势。比如在过去的 2013 年双十一中，爱情保险这一新鲜麻辣的众筹方式引火万人之约，短短一周的时间里，爱情保险的众筹金额已锁定在 6 270 680 元。这给传统的保险行业带来了爆炸般的洗礼，也使得互联网金融模式一炮走红。

在大数据时代的互联网金融，助推是相互的。众筹作为一个新兴的互联网工具模式，在对书籍的支持出版上也起到了很大的作用，而相应的，对书的爆炒和书中内容的传播使用也助推了众筹网的发展。

《移动互联网全景思维》这本书从移动互联网的基础前沿理论说起，站在人文和科技发展的角度展望了移动互联网的未来。在策划这本书的上市营销方案时，作者一直思考如何将书中所讲的概念、工具和移动互联全面结合。在这本书从诞生到出世的每个环节都流露着移动互联的气息和味道。

　　众筹本身就具有一种无形的责任感和成就感，而一个成本很小的举动带来一个项目的实现也让读者感受价值的存在。从出版的角度讲，众筹平台降低了图书市场出版的风险，在推广和销售上也提高了效率和渠道优势。可以说众筹促成了出版方、平台方、读者的目标性合作，同时在风险和利益共享上颠覆了传统电商的销售模式，更多地激起民间草根力量的应用和汇聚。

　　前一阵子有人对星巴克发起了攻击，说星巴克是十足的大骗子，把一杯咖啡卖到过份的地步。这个问题可以引起我们进行一个很有趣的思考，就像你买一个 LV 包包，它并没有比市场上的包包有更多的功能，你买的是一种认可和心理满足。你去装修良好的茶馆喝茶，那茶是比家里的茶叶好出很多吗？不，你喝的是那种环境和氛围！商品的价格反映他的价值属性，而商品价值的获得可以使拥有者获得精神上的满足。这才是最本质的需要。这里我们关注到硬财富和软财富的认知，在无数个商品体系中，你在硬财富的积累基础上，需要树立很坚定的软财富观，要在产品的流水线上打造出附加价值来。在众筹思想上，要磨砺出有光辉的共鸣价值来。这是众筹核心的价值链条。

　　对待作为互联网金融体系中的新生儿——众筹，我们需要耐心和细心。无论是人们对于产品的内容理解和信心建立，还是在项目运行中的一切表述操作问题，都应当是深入和投入的。众筹是众生实现梦想的平台，我们要靠近主流，更要贴近众人的情感。时间犹如一粒奇妙的种子，你无法预料未来它会成长得怎样的美丽，但我相信未来众筹的世界将是更多创意和生命激发光芒的世界。只要你有勇气去坚持自己的梦想，众筹作为其中的一个渠道，一定可以帮助你让梦想照进现实。

第二章

进　化

章节导读

　　假设未来，手机和人建立了密不可分的人机关联，人类离不开移动通讯是不可逆转的事实。人们使用手机，究竟是利用碎片化时间的休闲，还是生活工作必不可少的正经儿事业？移动互联的商业化属性强还是社会公益化属性强？移动互联网是交友工具，还是人类新思想孵化器？移动互联对现有商业业态是颠覆还是进化？你一定很惊奇，环境污染和移动互联网有什么关系？请不要一提到移动互联网就联想到商务。移动互联网要解决问题远不止那些。移动互联网和全球化交相辉映，必然诞生出一家"地球公司"，我们所有人都是它的股东。移动互联网是颠覆还是进化？经典的4P营销理论还有用吗？实业向移动互联进化的价值有多大？一枚硬币总有它的正面和反面，任何事物都有它的优点和缺点。

在 PC 互联网时代，那些成功的大型网络公司多以唬人为生。它们以颠覆者的面目出现，制造出虚拟世界和真实世界的巨大冲突。它们声称颠覆是为了新生，打破旧秩序是为了建设一个新秩序。问题是，旧秩序被打乱了，新秩序并没有建立起来。从本质上看，马云是个商人，而非互联网专业人才。商人的特质是赚钱，而不是行业表率。所以营业额上去了，网络道德下来了。可以说，我们这一代，都是被马云吓大的。商人嘛，不吓唬你你怎么肯放弃实体店去做电商？至今，电商的颠覆者形象仍然一直抹不掉……

2014 年是移动互联网的元年。在这一年，我们隐隐约约又听到吓唬人的声音，仿佛移动互联网又是一个颠覆者。网络时代的无序不能再重演。人类不能在同一个问题上犯第二次错误。移动互联网从来不会是颠覆者，今天不会，未来也不会。这是基于移动互联的三大基本属性决定的。移动互联不是颠覆者，是你的平等伙伴关系者。

正文

假设未来，手机和人建立了密不可分的人机关联，人类离不开移动通信是不可逆转的事实，那么本章的结论将是成立的。

让我们首先进入一个怀疑世界——

人们使用手机，究竟是利用碎片化时间的休闲，还是生活工作必不可少的正经儿事业？

移动互联的商业化属性强还是社会公益化属性强？

移动互联网是交友工具还是人类新思想的孵化器？

移动互联对现有商业业态是颠覆还是进化？

第一节　环境进化论

最大的泡沫是地球

你一定很惊奇，环境污染和移动互联网有什么关系？

请不要一提到移动互联网就联想到商务。移动互联网要解决的问题远不止那些。移动互联网和全球化交相辉映，必然诞生出一家"地球公司"，我们所有人都是它的股东。我们是该测算一下我们对地球的投入产出比的时候了。

2012 年 22 位著名生物学家与生态学家在《自然》杂志上发表研究报告指出，由于人口快速成长，人均消费增加，地球生态已十分脆弱，到了"地球规模的引爆点"。

链接

专家们一致同意如下的趋势：

肥沃的表土继续快速被冲蚀与流失。表土土层厚度每下降 2.54 厘米，粮食产量就会减少 6%；土壤不再肥沃，土壤中的有机物质每减少 50%，许多农作物的产量就会降低 25%；草原加速沙漠化。尽管预估到 2030 年，农业用水需求将比目前多出 45%，但城市与工业用水需求日益增加，农业用水将面临更强烈的竞争。

自从 20 世纪下半叶发生绿色革命以来，农业生产力即不断提升，但如今成长速度趋缓——从 30 年前每年 3.5% 的成长率，降为每年成长率只略高于 1%。植物病虫害对农药、除草剂和其他农业用化学品的抗药性愈来愈高。全球仅存的植物基因多样性已大量流失，植物基因多样性可能已流失了 3/4。重要农业生产国由于国内粮价高涨，发布农产品出口禁令的可能性升高。美国外交关系协会指出，联合国世界粮食计划署的数据显示，2008 年，有四十多个国家实施某种形式的出口禁令，希望保障国内粮食供应无虞。降雨形态日益不稳定且难以预测，加上全球暖化的效应，导致干旱期时间更长，情况更严重，同时降雨频率变少，每次降雨的雨量变大。灾难性的热浪来袭。根据预测，全球会升温 6℃，也就是华氏 11 度。这对无法在高温下生存的重要粮食作物造成莫大压力：专家预测，气温每上升 1℃，农作物产量就会减少 10%；人口增长，加上每人平均消费量上升，造成粮食消耗量不断增加，同时各国人民都日益偏好食用资源密集的肉类……愈来愈多原本种植农作物的耕地，现在用来种植适合作为生物质燃料的农作物；由于城市扩张，原本的农地逐渐变成城市或市郊。

单就废弃物与污染而言，今天全球城市居民平均每人每天产生 1.2 公斤垃圾。而且预计在 12 年内，总垃圾量会增加 70%。根据经济合作与发展组织（OECD）的统计，开发中国家的国民所得每提高 1%，就会增加 0.69% 的城市固体废弃物。当我们把与能源生产有关的废弃物，化学品、工业、电子产品制造的废弃物，以及农业废弃物和纸业废弃物，平均分摊到地球上 70 亿人身上，那么地球上每天产生的废弃物会超过 70 亿人的体重。

在欧盟，过去十年来，塑料废弃物的出口成长 250% 以上，其中将近 90% 运往中国。太平洋中央，主要由塑料构成的庞大"垃圾带"成为媒体瞩目的焦点，但陆地上几百万个垃圾弃置场的垃圾量，其实更庞大。电子废弃物（与电子产品相关的废弃物）数量不断增加，也愈来愈受瞩目，因为其中包含了高毒性物质。即使目前已开始推动电子废弃物回收，问题恶化的速度仍然高于问题解决的速度。

水污染的情况也相当严重。

由联合国众多机构共同组成的 21 世纪世界水资源委员会（World Commission on Water for the 21st Century）在 1999 年的报告中指出："全球主要河川有半数以上都严重枯竭并受到污染。"像这样的全球性悲剧之所以发生，其中一个原因是目前衡量国民所得和生产力的指标——GDP，并没有把河川枯竭和污染的因素考虑在内。经济学家戴利（Herman Daly）就指出："我们不会把污染当成坏事减去污染成本，但我们会列入清理污染所增加的价值，把它当成好事。这是不对称的会计账。"如果照这种的趋势持续下去，到了 2015 年，数字会高到令人难以接受的地步：根据世界卫生组织的数据，届时仍有"六亿零五百万人的饮用水源尚未改善，还有二十四亿人的卫生设施无法获得改善"。中国有将近九成的浅层地下水遭污染。污染源包括化学和工业废弃物。每年有一亿九千万中国人因为饮用水不干净而生病，并有数万人因此死亡。

在地球快爆炸之前，移动互联能为她做点什么呢？

移动法庭的出现

导致全球环境污染加剧，如果说是法律层面的问题，多数人认为是发展中国家法制不健全和执法力度不够，那么为什么在法制体系十分完备的美欧国家依然不能遏制污染势头的蔓延？如果说是文明程度与道德层面的问题，为什么在佛教的发源地全民信佛的印度，污染尤其严重？

要真正解决污染问题，首先让我给你解释一个经济学"效用函数"原理。

经济学家认为人是理性自利的，然后用一种"效用函数"来代表人，而后在对效用函数加上一些限制来反映这两种特质。一旦可以用效用函数来代表人，经济学家就可以用繁杂多变的数学来分析人的行为和社会现象。

经济学认为，人的一切主观思想都是利己主义者。在什么情况下才利他呢？一个人会根据自己利害的考虑决定利他的程度。举个例子来说，人人都知道汽车尾气制造了城市污染，但你还会每天开车上下班；你也看到了路边有一家工厂在往河里排污，但你不会马上制止它。

你认为这是社会的成本，干吗让你一个人付出制止污染的成本呢？也就是说，如果我们能够形成一个全社会阻止污染的社会化专业大分工，降低每一个人制止污染的成本，而且还有益处，那么污染问题就迎刃而解。

为解决环境污染而设的移动法庭出现了。当第一个人发现污染源时，可以用手机拍下现场画面并标注位置，人肉搜索功能同时启动，就可以精确地找到企业管理者和所有者的详细信息，甚至他们生产制造的所有产品也会一览无余，即使执法部门由于程序问题延误了处罚的时间，移动互联网的信息大数据也会利用程序把他们个人、企业和产品全部拉黑。不仅如此，社交网络也同时启动运转，可使他们在社会上连朋友都没有。

如果再设置一个奖励机制的话，比如对污染者的罚款的一半用于奖励举报污染者，那么公民行动就更具可持续性。

也许你会问，为什么只有移动互联网才能解决全球污染？为什么不是PC互联网？答案很简单，发展中国家公民60%以上不是网民，是网民的多是坐在办公室的白领，而在野外忙于生活的恰恰是那些只会玩手机的公民。

有人的地方就有手机，有手机的地方就有移动法庭，无处不在的手机让信息完成了全覆盖。只有当污染者的污染成本高到他无法承受时，他才会"利他"，否则他永远选择利己。尽管他很清楚，利他才能利己。

智慧城市

解决污染还不是移动互联网对人类环境进化产生的第一主要功能。移动互联还可让城市变得更美好。

罗曼·罗兰说，对于我们的眼睛来说，重要的不是美，而是发现。的确是这样，发现一个城市之美，并且去创造美，才是人们从四面八方的郊

区农村迁到城市的内在动因。

建造城市的最初动机一定是这样的逻辑。在农耕时代，人类群居的方式是村落，因为人们发现居住在一起不仅可以共同抵御野兽的侵袭，还能集人类的智慧发明各式各样的工具。当人们不满足农耕只为了温饱时，城市出现了。随着教育的集中实施，城市中最有创造力的大脑开始让城市建筑变得更美好。

建筑一个美好城市只是人类的初级发明，建筑一个智慧城市才是一个更大的发明。智慧城市又是移动互联网的专利，PC 互联网只是一个帮手。很简单的道理，城市智慧的形成是一个移动状态下碎片化时间的发明。研究者发现，人们在走路等移动状态的发明多是发明家灵感涌现最多的时候。

当然，智慧城市不仅仅是几个点子，它需要具备云数据、物联网、智能接口等基本条件。我相信不久的将来会是这样：

●家居智能化第一个实现。家里的家电、家具、照明、音响全部 Wifi 连接，手机实现智能控制。

●交通智能化第二个实现。城市不再拥堵，车辆减少80%，公共交通均可私人定制，无人驾驶的汽车满大街都是。唯一的遗憾是出租车行业全体沦陷。

●城市中能留下来的服务业只剩下咖啡馆和休闲场所，那里有高仿真机器人为你服务。

●所有的饭店都消失了。不仅仅因为它们带来城市污染，还因为一个个孤立饭店的菜品不如郊区的城市中央厨房的菜品，那里汇集了世界各地最佳口感的数万种美食。下岗后的出租车司机重新上岗，不送人，改送菜了。

●又一个消失的行业是银行和保险业。人们出门不带现金，只带一部智能手机，再大的银行也只剩下几个人在那里服侍着大数据计算设备，银行的人工回复也都是智能机器人在应答。

●暴雨来临之前，城市的智能化管道系统预启动，待暴风雨来临后，进行有条不紊的智能化工作。

●医院也不得不缩小规模，因为基因医院的出现改写了生命终结的方式，城市中没有人病死，全是自然死亡，而且活到 100 岁的才刚刚人到中年。

●甚至死亡也需要重新定义。没有绝对的死亡，一个人在生物属性死亡之前可把大脑数据搬到云数据上，再下载到手机的 APP，手机就是一个不朽的生命。

●人们最苦恼的孩子教育问题变得轻松，只要在孩子的头脑中内置一片小小的芯片——这片芯片储存了世界上所有的知识与智慧。你的任务就是挑选什么款式的芯片以及什么年龄的给孩子装上。

●最后消失的是监狱。移动法庭判你有罪后，将自动把你锁在你自己的屋子里。

尽管这十种场景的出现，还不是智能城市的全部，甚至有些仍然遥不可及，但谁能说一定不可能呢？

第二节　灵魂进化论

下流科学的诞生

郭美美当年出名是因为与红十字会之间的扯不清道不明。这一事件又引发社会的无尽猜疑和迷惑。此前在公众面前，这个年轻女子从未亮过相，但当时由于微博的实名注册身份引发轩然大波，并在互联网上持续发酵。这一事件令红十字会饱受争议，陷入舆论风暴眼，街谈巷议众多。私生女还是情妇？有关郭美美身份的猜测就有许多不同的版本。

令人惊讶的是，郭美美"红会事件"最终并未进入法律程序，此后这个爱炫富的女子反而行事更加招摇。这更增加了社会和公众的猜疑，也更加暧昧含混，引发诸多联想。而在当时的报道和传闻中，王军就是一个关键性的人物。各种关于这个人和郭美美以及红十字会之间的关系当然也是郭美美事件的关键。但后来王军似乎迅速在舆论中被遗忘了，只剩下郭美美还在招摇。给人的印象是，她好像非常富有，但这些财产的来路始终是个谜。对于社会，郭美美事件造成了难以言说看起来滑稽却又有些严重的伤害。

郭美美事件造成的冲击主要表现在两个方面。一方面她当然是一个负面的典型，不乏对年轻人的某种负面示范。另一方面，虽然红十字会多次对郭美美事件作出澄清，但整个事件如同狗皮膏药，纠缠着红十字会，人们的怀疑度并未减低。红十字会和慈善事业受到的冲击到现在还未得以恢复。而在世界杯期间，网络红人郭美美又因赌球被警方行政拘留，从而把她自己又推到风浪尖头。

奢侈品、炫富、赌博、潜规则，这些最脏的字竟在一个美女身上汇集。在未来，她这样的人将是社会上最多余的一个人。

郭美美事件最大的成绩是推动了一门新科学的诞生：下流科学。

下流科学是这样解释的：为什么一个妙龄女孩愿意找一个跟她父亲或者爷爷一般大年龄的人做情人呢？除了这个老男人能给她买心爱的爱马仕包包能为她还赌债之外，她和他在一起时，还能获得一种奇特的性高潮。

研究表明，年轻女性的性高潮与男性的收入息息相关。因为金钱是最可靠的指标，显示这名男子对子孙具有长期投资能力，同时也反映出有吸引力的遗传特性。换句话说，男人在闺房中的行为，是他在社会上的净资产的反映。不仅如此，下流科学在动物界实验也获得了长足的进展。实验发现，所有的母猴都主动地愉快地和猴王发生关系，尽管猴王已老，但猴王手中有食物。

荷兰戈洛宁恩大学的心理学家汤姆斯·波利特和共同作者丹尼尔·奈托在长期的动物性交研究报告中指出，男性伴侣的收入高低直接影响女性伴侣的性高潮频率。女性性高潮是女性身体送给大脑的一个讯号。让她知道她正在和（社会地位）处于高处的男性发生关系。于是乎，她便满足和愉悦。

我不得不提一个问题：当社会文明在进步、科技更加先进时，人类会怎样？当下流科学流行起来时，有多少社会地位低下的男人会变成多金？普通大众还被社会需要吗？于是，文明社会不得不寻找一种方式来解决一个罕见的难题：倘若不是每个人完全被需要，那么"多余"的人应扮演什么样的角色呢？多余的人会饿死吗？抑或简单生活？这将由谁来决定？如何决定？

幸好移动互联网给我们重新的思考。移动互联网的根基在于每个人，这一点完全不同于 PC 互联网根基于地下光缆这一个基本事实。光缆是没有生命的，因此互联网本身不具备思维能力，从这一点看，提出"互联网思维"词汇存在一定的谬误认知，不如"思考互联网"精确。

移动互联网不一样。基于人的网络，一定会给网络本身赋予人类的主观思想，使网络有思想。"会思考的网络"才是移动互联网的特质。那么，"会思考的网络"在思考什么呢？在下流科学的灰色幽默面前，移动互联网如何做到每一个个体受到平等的尊重？如何使每一个人"被需要"？如何让郭美美们变为"多余人"，而不再让劳苦大众成为"多余"？

链接

不知道大家是否还记得，在红会事件中，郭美美的各种奢侈成了大众关注的焦点。一个 90 后女生，真的能如此奢侈享乐吗？她到底有多大的后台在背后支撑呢？人们想知道，这样一个价值观扭曲金钱至上的年轻女子，一个微博几乎摧毁了一家百年慈善机构的信誉，却能全身而退，是否存在网络传言中的"靠山"和"背景"？她所称的"干爹"究竟是谁？到底有多大的"能量"？

经查明，郭美美 1991 年出生在湖南益阳一个单亲家庭。其父有诈骗前科，其母长期经营洗浴、桑拿、茶艺等休闲服务，其大姨曾因涉嫌容留他人卖淫被公安机关刑事拘留，其舅舅曾因贩毒被判刑。郭美美自幼随母亲生活，1996 年起先后在广东深圳、湖南益阳等地念书，2008 年 9 月至 2009 年 9 月花钱进入北京电影学院表演系进修一年，毕业后与他人在北京合租房屋，成为"北漂"一族，主要靠承接小角色和母亲接济生活，直至 2010 年认识深圳商人王某。

为增加炫耀资本，郭美美根据自己的想象把个人微博认证从"演员歌手"更名为"中国红十字会商业总经理"，发布豪车、奢侈品等炫耀奢华生活方式的照片，将与她本人、中红博爱均无关系的中国红十字会推进了舆论漩涡，进而引发慈善信任危机。这起重大的网络事件也导致"中国博爱小站"项目流产。此后王某与郭美美断绝了交往。

然而，郭美美本人却一夜成名。在接受媒体采访时，为掩盖被包养事实，她称王某是其"干爹"。

在郭美美事件中，躺着中枪的还有奢侈品品牌爱马仕。

营销分享

郭美美就是营销高手……还有人在抱怨难以提高接客单价么？看看人家出身卑微，从小单亲，早年辍学，自强不息，花钱进修，自我提升，把普通人几百元一次的卖淫，借助国内主流媒体的宣传，通过公司化运作，商演的包装，辅以现代物流送货上门，硬是做到了几十万的交易！看完这个你们还抱怨业绩难做么？好好反省吧，只要努力，一切皆有可能！

向奢侈宣战

众所周知，奢侈品不仅包括服装、皮具、游艇、鞋履、丝巾、领带、手表、珠宝、香水、化妆品、汽车、洗护的生产和销售，还展现了尊贵的社会地位和养尊处优的生活方式——那是一种区隔普通人的极尽奢华的生活方式。

奢侈品行业60%的市场份额被35个主要品牌所掌控。几家大公司，包括路易威登、古驰、普拉达、爱马仕、香奈儿和乔治阿玛尼，年营业额都在10亿美元以上，而且增速惊人。

被称为现代时尚之父的克里斯汀·迪奥曾说："时尚是人类保持个性和独一无二的庇护所。那些是最出格的创新，能保护我们免受粗制滥造单调乏味之害。当时，时尚的确稍纵即逝，而且自恋骄纵。但在我们这阴郁的年代，奢侈品一定要被小心又小心地捍卫。"

事实果真如此吗？让我们剥开奢侈品的"内裤"。我们的衣着不仅反映了个性，还反映了经济状况、政治倾向、社会地位和自我价值。奢华的饰物总是高高地位于金字塔的顶端，将买得起和买不起的人分隔开。奢侈品都具有标志性的元素——丝绸、金银、宝石和准宝石，还有皮革。

通过展示奢侈品来凸显一个人的权势与成就，也会招致羡慕嫉妒恨。"这究竟是不是浪费？这样的争论从公元前 700 年就开始了。"美国加州洛杉矶盖提博物馆的文物专家肯尼斯认为拉帕鲁里亚人（公元前 6 世纪生活在意大利伊特鲁里亚地区的民族）穿金戴银，从波罗的海进口琥珀，拥有碧玉、红玉髓等切割完美的宝石。但社会保守派则认为，正是穷奢极欲导致了国家的衰亡。

在波旁家族和波拿巴家族统治法国期间，现代人熟知的奢侈品在法国诞生了。许多今天我们津津乐道的奢侈品牌，如路易威登、爱马仕、卡地亚，就是 18 世纪、19 世纪卑微的匠人们为王室制造精美手工制品而创立的。19 世纪末，王权没落，资产阶级兴起，欧洲贵族和美国名门精英，诸如范德比尔特家族、阿斯特特家族、惠特尼家族等组成一个封闭的圈子，奢侈品成为他们的专属领地。奢侈品不再只是一类商品，更是历史传统、优良品质的象征，还往往是骄纵购物的体验。奢侈品成了专属于上流阶层的生活元素，犹如加入高级俱乐部的门票。拥有奢侈品犹如拥有一个名门姓氏，是令人期待的。况且它们总是少量生产——通常还是定制，只卖给极少数并且真正上流的顾客。

20 世纪 60 年代，"青年学潮"爆发。这场政治变革席卷西方世界，打破了阶级藩篱，也抹掉了区分富人和平民的符号。奢侈品不再时髦，退出了时尚潮流。直到 20 世纪 80 年代一个新富阶层——单身女性主管的崛起，情况才有了改变。此时美国的精英制度进入全盛时期，每个人都能在社会和经济的阶梯上爬得更高，发迹后随之便会沉迷于奢侈品所带来的虚荣和排场之中。近 30 年来，发达国家可以自由支配的收入惊人地增长，男女结婚的年龄越来越晚，这让他们有更多的钱花在自己身上。

企业界大亨和金融家们从中嗅到了商机，他们从年老的品牌创建人和能力欠缺的继承人那里巧取豪夺，将家族化的事业转变为品牌化的企业，将所有元素比如店面、店员制服、产品甚至开会时用的咖啡杯，全部统一化。然后他们瞄准新的目标顾客群——中产阶层。他们是广泛的社会经济人口，囊括了从教师、营业员到高科技企业家、麦氏豪宅的居住者、粗俗的暴发户，甚至是犯有罪行的富人。奢侈品公司的高官们解释说，这么做是为了实现奢侈品的"民主化"，让奢侈品"人皆可得"。听起来很崇高吧，好像我们马上就要进入共产主义社会了。见鬼去吧！实际上，这是彻头彻尾的资本主义，目的精准明确：想尽办法赚取更多的利润。

古驰集团前设计师汤姆·福德对我说："你不得已要随时关注预算和品牌走向，要作出一些短期决定，因为那是股东们想要的，你还要拿出短期的利润来平衡长期利润。"为了实现预期的利润目标，奢侈品集团采取偷梁换柱的策略，比如采用较差的材料；还有很多品牌悄悄地把生产线转移到发展中国家。绝大多数公司已经用流水线替代手工制品，多数产品是用机器做出来的。同时，多数奢侈品公司将价格抬高了数倍，很多公司还谎称产品在劳动力昂贵的西欧生产。

但是，美梦也变成了噩梦。世界海关组织宣称，奢侈品是今天被假冒最多的商品之一，时尚业每年因此损失 97 亿美元，约合 75 亿欧元。而假冒名牌的利润多数用于资助贩毒、偷渡、恐怖行为等非法活动。奢侈品还滋生出其他非法行为。为了买名牌手袋，日本女孩去做"援助交际"；一些地区"女伴"的服务报酬是由客户陪着到营业至半夜的精品店购物，第二天早上她们再回到店里，退掉货品换得现金，不过要支付原价的 10% 作为"手续费"。这样的行为吹涨了奢侈品的销售量，也洗清了这个女人和她客户之间的非法现金交易。

奢侈品牺牲诚信，降低品质，玷污历史，蒙骗消费者，终于达到了上述目的。为了让奢侈品"唾手可得"，商界大亨们剥掉了所有让它们与众不同的特质。奢侈品已经失去了风华光彩。

有钱人值得推崇，但是炫耀财富会毁掉自己。

在向奢侈品宣战时，移动互联网必将大有作为。在当今世上逐渐注入了"去品牌化、个性化、原创设计"的三要素之后，移动互联网的从商户到用户的点到点的功能日益加剧了品牌去奢侈化的趋势。

至少，在我身旁，正在发生的传奇有：

广东佛山有个叫樊友斌的智能裁缝，创造出一套激光裁剪切割智能设备，并实现了网络链接。这意味着城市智能裁衣制衣行业将崛起，用户通过手机拍下或上传你想要的设计图，分秒之间，成衣到你家。而且你的衣服上用的是你自己的 LOGO。

贵州遵义有个叫郑先强的，他拥有的醉美庄园推出始于 100 年前的古法酱香酿酒工艺生产出来的不低于国酒茅台品质的酱香酒，以散装酒的庄园方式出现，接受企业和私人定制。300 元一斤的古法酿造的酱香酒对于既追求个性化定制彰显品位，又追求性价比实惠的中产阶层而言，是极具诱惑力的模式。

广东佛山有一个叫霍锦添的企业家创造出中国最新一代 Auto Buty 的智能机器人，提出"智能改变世界"的口号，以非凡的勇气挑战国际巨头。

上述创新者正尝试与移动互联网接轨，以更加顺应人性，响应自然的亲民路线带来一股清新之风。

第一夫人彭丽媛也加入亲民的大潮流中，使国产服装品牌大放异彩，惊艳了世界。

网络环境进化：用户界面设计

在未来，移动互联网的经济活动将围绕"一切由用户自定义"的理念展开。用户自定义界面，自定义内容以及自定义信息，接受和屏蔽将是用户的极致化体验。

链接

随着技术变得更好，经济将不得不变得不那么抽象。

但是年复一年，经济必须逐渐围绕调节人类社会行为的机制设计。网络化的信息体系比起政策能以更直接、详尽和文字化的方式诱导人们。换句话说，经济必须转变为大规模、系统化的用户界面设计。

一些用户界面有意变得更具挑战性，类似于游戏的情况，而其他有意化繁为简。让游戏变得吸引人又让人上瘾，像是走平衡木，你需要在挑战和回报之间找到适当的平衡点。关键不是尽可能加大游戏的难度，而是让它刚好保持在伸手可及的范围之内。游戏是有趣而绝佳的学习工具，没有什么比看到人们做到以前根本不可能做的事情更令人欣慰了。

让复杂变得简单是我们这个时代最伟大的工艺。

计算以及信息时代的经济的本质挑战在于找到一个方法不被过度地卷入设计的绚丽夺目的认知垃圾中。

事实上，用户界面自主设计，改变的不仅是一个界面，改变的更是互联网的灵魂。

第三节 商业进化论

移动互联网是颠覆还是进化？

经典的 4P 营销理论还有用吗？

实业向移动互联进化的价值有多大？

颠覆还是进化

一枚硬币总有它的正面和反面，任何事物都有它的作用力和反作用力。

在 PC 互联网时代，那些成功的大型网络公司多以唬人为生。它们以颠覆者的面目出现，制造出虚拟世界和真实世界的巨大冲突。它们声称颠覆是为了新生，打破旧秩序是为了建设一个新秩序。问题是，旧秩序被打乱了，新秩序并没有建立起来。

从本质上看，马云是个商人，而非互联网专业人才。商人的特质是赚钱，而不是行业表率。所以营业额上去了，网络道德下来了。可以说，我们这一代，都是被马云吓大的。商人嘛，不吓唬你，你怎么肯放弃实体店去做电商。至今，电商的颠覆者形象仍然一直抹不掉。

2014 年是移动互联网的元年。在这一年，我们隐隐约约又听到吓唬人的声音，仿佛移动互联网又是一个颠覆者。网络时代的无序不能再重演，人类不能在同一个问题上犯第二次错误。

移动互联网从来不会是颠覆者，今天不会，未来也不会。这是基于移动互联的三大基本属性决定的：

人本主义思想。坚持以人为本的移动互联网注重的是使每一个参与者的潜能得到发挥，而不是剥夺他的工作机会。这和 PC 互联网的商业化理论背道而驰。网店代替了实体店，运营效率提高的同时，实体店的服务员失业了。移动互联网 O2O 模型强调线上和线下的结合，突出用户的线下体验的人本思想，无意之中把实体店员工的工作机会保留下来。

进化论路径。移动互联网是慢热型的运动员，一开始总是慢慢跑等待他的伙伴一起加入。由于移动互联网对用户和商户而言，进入的门槛比较低——"手机加拇指"模式，所以移动互联是和所有的行业一起在慢跑中进化。从认知到习惯，移动互联像个母亲对女儿一样有着温柔的耐心。

开放性设计。PC 互联网的开放是有条件的开放，前提是"利己"。马云关闭淘宝店的微信接口就是明显的"不许利他"的行为。人们总是对这些虚拟的东西保持习惯性沉默，PC 互联网在商业化过程中更像封建社会，竞争者之间相互封闭，打一场"领地和领主"的战争。

移动互联网的本质是一种内开放。你想一想，一个连内衣都可以脱掉的人，何况外衣乎？何谓内开放？主要是指移动互联网的功能设置必须具备满足用户自定义需求的功能，用户可以自己上传、自主修改、自主装饰、自助促销和自动链接。

移动互联网不是颠覆者，是你的平等伙伴关系者。

圆桌会议

问题不在于技术，而在于我们思考技术的方法。

现在很流行的看法是把移动互联网的工作方式理解为社区。

（一）未来的商业图景

1. 经济特征：规模经济到范围经济

百年工业史背后隐藏的是同样的产业逻辑：标准化、规模化和流水线。而今天，随着互联网特别是社交网络的发展，传统工业时代似乎正在离我们远去。未来经济与社会组织将不再是凝固僵化的"矩阵式"形态，而呈现为互联网社群支持下、个性张扬的"网状"模式。这种转变是革命性的。

在规模经济时代，规模越大越经济，品种越少越好（标准化和流水线的需要）。未来这个规律很可能将是倒过来的——谁能尽可能地满足长尾末端的需求，谁在未来的盈利能力就越强。互联网经济是一种长尾经济、范围经济。所以社群、粉丝自限规模，这是未来商业的自觉。工业时代过去了，规模逻辑结束了，社群逻辑就重启了，而所谓的跨社群营销也将显得没有意义，因为你不需要别人懂你，就像苹果粉丝不用解释，需要解释就不是苹果粉丝一样。企业如果不自限范围，形成品种开发的多样可能，就没有自己的核心粉丝社群。有人说，互联网时代的品牌玩的就是一种"榴莲精神"——喜欢的会爱到骨髓，不喜欢的会完全无感。人们根据品牌偏好会形成不同的小圈子，不同的社群。

2. 商业逻辑：产品售卖到用户运营

互联网出现之前的商业形态，人们购物就必须到线下的门店中去，人需要围绕着门店、围绕着物开展活动；而互联网出现之后，人们不再需要到线下门店就可以完成购物，电商平台、厂商和物流商都在围绕着用户需求进行活动。我们的商业由"物围绕着人转"进化到"人围绕着物转"。这有力地佐证了我们经常提到的观点：未来的商业基于人，而非基于产品。

索尼公司的创始人出井伸之解释索尼衰落的根本原因时，说了一段发人深省的话："新一代基于互联网 DNA 企业的核心能力在于利用新模式和新技术更加贴近消费者，深刻理解需求，高效分析信息并做出预判。所有传统的产品公司都只能沦为这种新型'用户平台级公司'的附庸，其衰落不是管理能扭转的。互联网的魅力就是'the power of low end'。"

为什么小米公司是一个互联网公司？它和传统的手机厂商有什么区别？互联网公司很典型的一个商业模式叫做"羊毛出在狗身上"，往往不直接通过销售产品赚钱，而把产品当作聚合用户的一个入口，在与用户不断的交互中为用户创造持续的价值，从而获得收益。对小米公司而言，手机只是一个聚合用户的入口而已，它并不是单纯地销售产品，而是在运营用户。这就是粉丝经济背后的一个本质区别。

3. 消费行为：被动接收到主动参与

社群经济就是一种用户主导的 C2B 商业形态。品牌与消费者的关系逐渐由单向的价值传递过渡到双向的价值协同。互动即传播。雷军为什么强调小米成功的秘密在于"兜售参与感"？为什么"兜售参与感"就能够获得成功？社群经济之下的品牌是用户主导的口碑品牌，而不是厂商主导的广告品牌。互联网时代的品牌就是一个个用户评价的产物，是一次次互动中完成的体验。

这个时代的品牌打造方式，一定是让用户参与到产品创新和品牌传播各个环节，"消费者即生产者"。尤其是 80 后、90 后的年轻消费群体，他们更加希望参与到产品的研发和设计环节，希望产品能够体现自己的独特性。作为品牌厂商，就必须注意到这种消费行为的变化。

（二）社群商业：内容 + 社群 + 商业

内容是媒体属性，用来做流量的入口；社群是关系属性，用来沉淀流量；商业是交易属性，用来变现流量价值。用户因为好的产品、内容、工具而聚合，然后通过社群来沉淀，因为参与式的互动，共同的价值观和兴趣形成社群而留存，最后有了深度联结的用户，用定制化 C2B 用交易来满足需求，直至水到渠成。

1. 内容：一切产业皆媒体

移动互联网的出现使得人与人之间的协作效率大大提高，同时也使得信息的生产和传播效率大大提高。在人人都是媒体的社会化关系网络中，内容即广告。优质的内容是非常容易产生传播效应的。

一切产业皆媒体，"目光所及之处，金钱必然追随"。企业所有经营行为本身就是符号和媒体，从产品的研发、设计环节开始，再到生产、包装、物流运输，到渠道终端的陈列和销售环节，每一个环节都在跟消费者和潜在消费者进行接触并传播着品牌信息，包括产品本身，都是流量的入口。一切都是媒体。对小米来讲，小米的所有产品都是媒体；对可口可乐来讲，每一瓶的包装也是媒体（个性昵称瓶案例）。企业媒体化已经成为必然趋势，企业需要的是培养自己的媒体属性。

很多企业为此开始进驻各个碎片化的社会化媒介渠道，管理者也纷纷上阵经营起自媒体。这是好事，但很多人误解培养媒介属性，把媒体作为简单的信息发布渠道，却未深思"媒体也要产品化"——冰冷的类广告灌输、自我夸夸其谈已不再有效。媒体即产品，将媒体传播本身视为一个需耐心打磨的产品，激发参与感，构建社群才是获得口碑并引爆的关键。再简单地说，新媒体格局与传统媒体的根本不同在于认同。在新媒体格局下，唯有认同才能产生价值。没有认同，用传统媒体的方式，饱和轰炸、喊破嗓门，都白搭。

2. 社群：一切关系皆渠道

互联网出现之前，品牌厂商或者零售商需要通过不断地扩展门店来尽可能地接触目标消费人群。互联网的出现，打破了空间限制，使得人们可以足不出户就能够买到各种各样的商品。这样的商业现象就意味着一种商业逻辑的更迭——由抢占"空间资源"转换为抢占"时间资源"。

时间资源即用户的关注度。当用户大规模向移动互联网、社交网络迁移的时候，品牌商和零售商也要逐渐转移自己的阵地。传统的实体渠道逐渐失效，取而代之的是线上的关系网络，这种关系网络更多地体现微博、微信、论坛这样的可以互相影响的社会化网络。小米手机通过小米社区和线上线下的活动聚合了大量的手机发烧友群体，这些"米粉"通过这个社会化网络源源不断地给小米手机的产品迭代提供建议，同时又在不断地帮助小米做口碑传播。这群人就是小米的粉丝社群。今天讲社群，特指互联网社群，是一群被商业产品满足需求的消费者，以兴趣和相同价值观集结起来的固定群组。它的组成是"臭味相投"的消费者，它的特质是：去中心化、兴趣化，并且具有中心固定边缘分散的特性。前面说到的逻辑思维就是一个鲜活的社群样本。

3. 商业：一切环节皆体验

社群的背后不单是粉丝和兴趣，还承载了非常复杂的商业生态。究其根本原因，就是人的社会化的必然性。也就是说，现在我们关注的社群生态是基于商业和产品的，以互联网为载体跨时间和地域扩散。商业社群生态的根本价值是实现社群中的消费者最不同层次的价值满足。

举一个比较容易懂的例子。我们以前居住只要有个房子就行了，但是竞争凸显开发商想了一个妙招，卖房子之外还送你读小学，家里的院子里还有各类的商铺，有会所供你平时休闲娱乐，出远门还带个保姆帮你看房，通过这些来增加你买房和居住的附加值。小区慢慢地形成了一种生态系统，形成了一个生活和商业业态的闭环。

这样的生态模式逐渐发展完善，为消费者提供多维度的服务就变成了一个完善的商业体系。当下十分热门的"智慧社区"，就是基于这样的商业逻辑。万科、龙湖、远洋等地产商和物业管理公司，都在利用互联网的玩法改造传统物业，建立以住宅区居民为核心的商业生态，从而颠覆传统的物业管理商业模式。其本质也是一种社群商业模式。社群商业是一个具有增量思维的"微生态"，生态系统天然多赢。

在社群商业模式之下，内容如同一道锐利的刀锋，它能够吸引研究和满足用户的基础需求，切开一条入口。但它无法有效沉淀粉丝用户，社群就成了沉淀用户的必需品，而商业化变现则是衍生盈利点的有效方式。三者看上去是三张皮，但内在融合的商业逻辑是一体化的。未来的商业是基于人而非基于产品，是基于社群而非基于厂商。社群商业本质就是用户主导数据驱动的 C2B 商业形态。这才刚刚开始。

对于社群、社区的理论，我持不同意见。因为社区总得有管理者，管理者制订游戏规则。这依然是基于"利己"的网络设想。我认为移动互联网的社交属性中最关键的是"圆桌会议"模式。它具备如下特征：

● 不设管理者，仅设主持人。
● 游戏规则由多数人通过后，交主持人执行。
● 圆桌没有大小，没有高低之分。平等是基础。
● 机会均等，饭费 AA 制。
● 内容说话，谁说的对听谁的。
● 自动屏蔽广告传播功能。
● 用户信条：你追我，我就跑。
● 粉丝信条：爱你没广告。
● 产品研发：大家一起来创造。

4. 市场营销进化论：从 4P 到新 4C

移动互联网商业化过程中，不可避免地要建立属于移动营销的理论体系。让我们回望营销史，看看营销是如何进化的。

西方营销理论进入我国后，我国的营销学者开启了中国式营销的历程。有四支流派在实践过程得到了广泛响应。

● 切割营销：把竞争逼到一侧（路长全）。
● 定位营销（特劳特中国定位论）。
● 1P 理论（北大李建国）。
● 1℃战略：中国式营销 6 力模型（华红兵）。

在信息经济发展到移动互联网时代，中西方的市场营销理论都面临着不适应，提出移动互联时代的新营销理论已成为当务之急。我提出新 4C 理论供探讨。

（1）信息

世界的本质即信息。只有掌握了本质才能用知识创造新的世界。三大元素构建了世界观，信息为目的，物质为载体，能量为动力。信息将是比土地和矿产能源更加宝贵的资源。

简单给社区 3.0 时代的定义：以特定目的、属性、人群聚合在一起，可以随时随地进行多人参与、多人互动交流、群体表现的公众性手机应用软件。在这里，信息是多向流动的，不仅你可以向社区人群对外广播你的信息，你也可以接收到来自社区的信息，甚至把社区的精华内容向外推送。并且社区是有一定的明显的边界的。让我们一起认识下什么是社区 3.0 时代吧：

①社区的本质是人群。进入移动互联网时代，将从 PC 互联网的突显个性的时代进入"物以类聚""人以群分"的时代。

②社区的市场规模空前。按各种维度来分析，人群分类有多少，社区就有多少，社区应用的市场就有多大。这个增长红利，在移动互联网时代将得到很好的体现。

最大的红利：地方性社区（有人断言：地方性社区将是 O2O 的最佳平台）

③去中心化社区，无视巨头竞争。可以说：在移动互联网，能带来极高的附加价值的运营必定是"社区运营"。"社区运营"是个精细活，是小而美的运营。这个领域，即便巨头有心介入，但最终胜利者也必将是运营者。

无视巨头竞争的移动社区领域，将不断地涌现成功的运营者。这是社区的胜利，也是"人民战争"的胜利。移动互联网，社区为王！

④移动互联网，也是生活互联网，社区，更是生活社区。移动互联网远离了电脑互联网的喧嚣，个人随身携带，更多地贴近人自身，贴近人自身的生活（话说：手机比自己老婆、孩子、小三、知心朋友还亲。这是什么道理！）。如果说，有什么比手机更多地掌握人们的秘密的话，那只能是上帝了！

社区可以解决多方面的生活需求：与自己亲密的圈子人群交流，解决生活困惑与问题（电影购票、去哪吃饭、什么食品安全），获取紧密相关的地方性社区新闻资讯，社区型小说阅读、K 歌等内容型娱乐，扩展地区性社会人脉……

总而言之：社区应用匮乏的移动互联网，目前还是相当落后的。

⑤做社区的，更是做人群的生意。人群的生意永不枯竭！如果说小米公司是一家手机公司，大家一定不会怀疑；如果说小米公司是一家"社区

电商"公司，大家必定会大吃一惊！

这就是雷军所说的：让用户参与其中（雷军仅说到了产品设计，其实远不止如此）。社区的天然属性是什么？人人参与其中，每个人都能获取所需。人人参与其中的社区电商，是大家的电商。这就是社区电商的终极魅力所在。

人群的生意永不枯竭！让人万分期待：谁会是下一家重要的"社区电商"高手呢？

⑥移动互联网：社区应用是领先的产品应用。

做社区，不就是做论坛吗？

严格来说，论坛是社区1.0。豆瓣等社区算是社区2.0。话说社区、唱吧、啪啪算是社区3.0。社区3.0，更多为智能手机而设计，为未来的互联网形态而设计，表现形式更是多种多样。

实话实说：社区应用是领先的，并不意味着表现形式一定是领先的。发展几千年的纸张，依然在发挥着非常重要的作用。纸张不先进，重要的是：纸张里面包含的思想与内容，是更为先进的！纸张不过是管道，只要这个是非常好的管道，那就是时新的！适合时代的好书依然畅销，不因使用了纸张而落后多少！

移动互联网社区的兴起，不因是社区应用而落后，关键是：通过社区应用，是否能提供更多、更好、更丰富的服务？我有一个展望：有一天，做移动电商成功的，将不是淘宝集市、淘宝商城，而是运营着一个个目标人群的社区电商！还有一天，做移动社交、内容阅读、传媒、手机游戏的成功的，并不是寄托于IM平台，而是依托于一个个社区应用！

总结：不是社区产品多么先进，而是恰当的产品、技术，将在移动互联网端发挥重大的作用！社区应用将革新整个移动互联网形态，成为最重要最先进的移动互联网应用。

移动互联网，社区为王！

（2）信用

信，国之宝也，民之所庇也。

　　　　　　　　　——春秋时期史学家，盲人，左丘明《左传》

信用比一切商业模式更好，而且它是商业模式的基本条件。

　　　　　　　　　——中国营销策划第一人，华红兵

从经济学层面看：信用是指在商品交换或者其他经济活动中授信人在充分信任受信人能够实现其承诺的基础上，用契约关系向受信人放贷，并保障自己的本金能够回流和增值的价值运动。

　　信誉不仅是一个人、一个企业的无形财富，也是一个城市乃至整个国家的无形财富。这种无形财富作为一种特殊的资源，甚至比有形资产更为珍贵。目前，一些城市缺的不是资金，而是信用和信誉。

　　人无信，无立足；商无信，无立业；国无信，无立邦。

　　网购是以信用为基础的。在交易过程中，消费者既见不到经营者的面，也看不到真实的商品，甚至连商品的影像都看不到。双方要做交易，必须有一方先发货或者一方先付款，这与传统的"一手交钱，一手交货"的现场交易方式大不相同。没有见到货，我凭什么先付款？没有见到钱，我凭什么先发货？如果双方互不信任，网购根本就不可能完成。

　　网络是一个虚拟的世界，在这"两处茫茫皆不见"的环境中，失信的成本是最低的，追究的难度也是最大的。电子商务在中国出现的时候，我曾经非常悲观，因为利用互联网进行诈骗的事情时有发生，比如"中奖喜报"之类的诈骗手段就一直在网上肆行，而花样不断翻新的各种网上陷阱更是让人防不胜防。然而，在短暂的迷茫之后，电子商务就在中国势如破竹——资料显示，自2002年以来，中国的网购市场每年都保持了100%左右的增长速度——这不能不令人惊叹！

　　诚实守信可以降低交易的成本，提高交易的效率，这对双方乃至全社会都是有利的。而轻诺寡信的效果正好相反。没有信用支撑的市场经济是难以想象的。从一定程度上说，市场经济就是信用经济。网购人数和销售额占比的快速回升让人们相信，中国公众之间的信任度正在大幅回升，一个诚信型的社会正在重塑之中。

　　网购以信用为基础，信用的提升必然促进网购的发展。反过来，网购的发展也会带动信用的提升。因此，网购与信用是一种互动的关系。只要这种互动是良性的，那么网购和信用就能在相互促进中共同提升。

　　移动互联网商家与消费者建立信用的几个要素：

　　第一，把最优质的产品卖给顾客。

　　第二，把最好的服务卖给顾客。

　　第三，尽量向顾客保证退货。

　　第四，在网站支付方面，让顾客尽量选择使用第三方支付平台。

　　神莫神于至诚，祸莫大于无信；人无信而不立，业无信而不兴。信用是商家与买家之间的桥梁，没有信用就没有交易，即使有交易因失信也会无以为继。

（3）信仰

支配战士行动的是信仰。他能够忍受一切艰难、痛苦，而达到他所选定的目标。

——巴金

互联网创业没有信仰很难成功。

——百度副总裁朱光

互联网行业与传统行业根本差别在信仰。

——3G 门户创始人张向东

我们真正应该思考的是，引领全球的为什么是苹果、谷歌、Facebook？除了一流的产品，最重要的是它们无一例外都拥抱普世的价值观。

事实上，目前中国创业者正在面临着全球最具成长性和潜在规模的市场。王冉强调，Facebook 上市给中国创业者带来的是一种信仰的传播。"很多企业都可以成功，有的是小打小闹的成功，有的是中打中闹的成功，但只有让世界变得更加美好的企业才有可能获得 Facebook 量级的成功。"王冉说。

李开复则更加直白的指出，要想像 Google、Facebook 一样成为伟大的公司，需要有一颗伟大事业的心态，比如更多的追求，但都不是仅仅为了赚钱。

但这样的心态目前在中国看起来很难，"浮躁"是一个普遍现象。创业门槛低、一夜暴富让许多人加入互联网创业大军，从视频、团购到移动互联网，从蜂拥而上到一哄而散，大部分驱动力都是"利益"二字。

比如国内的 SNS 企业，"开放"已经成为一个大力宣传的标配，但实际上却屡遭诟病。

艾德思奇是一家数字营销公司，同时是 Facebook 认证的亚太地区合作伙伴，不少国内游戏、电商企业都通过艾德思奇向海外投放广告，有的游戏投放金额已经超过百万美元。尹天英是艾德思奇海外营销事业部总经理，在他看来，国内 SNS 平台与 Facebook 的最大差异就是"真正的开放"。

他以国内 SNS 公司为例。虽然 SNS 公司宣称开放，但是实际上更多的理念是赚钱。"比如对于一些热门赚钱的游戏，这家公司会自己进行投资开发，并且在平台上倒入更多的用户资源。"这样一些做法对其他游戏开发商显然是不公平的，也影响了平台在用户体验、平台功能方面的创新。

相反的例子是，在 Facebook 上却诞生了 Zynga 这样市值超过 60 亿美元的企业。

联想投资董事总经理刘二海指出，一般开放平台上很难出现大公司，因为平台会抑制大公司的出现，正如原厂商和代理商的关系。在 Facebook 上出现了 60 亿美元的公司！也说明 Facebook 是恪守规则的。也正是 Facebook 上有 Zynga 这样的大公司，Facebook 才更强大。这对于很多中国的平台们有启示作用。

当然也有梦想和信仰存在，但总是容易在各种江湖险恶中被扼杀。比如历尽千辛万苦上市的土豆网，最终不敌投资人的意志和市场环境，与优酷网合并。

也是在创新工场 Facebook 上市聚会上，土豆网 CEO 王微端着一杯红酒对众人说，"我们很快就要退市了（全场大笑）……其实无所谓。我们上市立刻就破发，也不是很光荣的事情，但却很有趣。"不过王微继续说，"梦想仍是梦想，一步步往前走，将来怎么样，做就知道了。"

也许心态和胸怀并不是中国企业马上能够做到的，但是把握社交时代的机会，也是 Facebook 上市带来的启示——一个新的创业时代的来临。

　　所有的人都会有自己的思想和期望，但是梦想成真的人却是少数，关键的区别就在于有没有坚定的信仰。因为人一旦拥有了信仰，就拥有了巨大的精神力量，这种力量就体现为永不放弃的行动。

　　拥有信仰的人会十分明确自己的人生方向和价值追求。这也使得他们无论面临任何挫折和困境，都会百折不挠，不言放弃。

　　可以说，信仰确立了个体的人生意义和价值标准，也成为个体毅然前行的巨大动力。反之，信仰的缺失将使人生变得迷惘彷徨，了无生趣。

第三章

开　放

章节导读

　　从1700年到1850年，是第一次工业革命时期，恰好中国从全球首富的位置上开始第一次衰退。从1850年到1970年，是第二次工业革命时代，恰好中国第二次从全球首富位置开始衰退。从2000年开始的第三次工业革命正席卷全球，中国能否把握住这次历史性的机遇？衰退还是提升？中国梦面临考验。其实，考验只有一个正确答案：开放，再开放。移动互联网思维是处理人和人之间关系的哲学，其中大量的思维密码并非虚拟，而是物质的。既然是物质的，我们就应尝试着从研究物质规律的物理学中寻觅打开密码的钥匙……

正文

公元 1500 年，中国曾是全球最大经济体。此后衰退。直到
300 年后的 1800 年，中国再度成为全球最大经济体。此后再次衰
退。时隔 300 年，21 世纪到来，中国会不会再度成为世界最大经
济体呢？

从 1700 年到 1850 年，是第一次工业革命时期，恰好中国从
全球首富的位置上开始第一次衰退。

从 1850 年到 1970 年，是第二次工业革命时代，恰好中国第
二次从全球首富位置开始衰退。

从 2000 年开始的第三次工业革命正席卷全球，中国能否把握
住这次历史性的机遇？衰退还是提升？中国梦面临考验。

其实，考验的只有一个正确答案：开放，再开放。

在信息经济日益高涨的今天，移动互联网的趋势不可阻挡。
但是，移动互联网尚未到达真正"革命"的时候。要达到真正
"革命"的条件至少需要准备达到如下几点：

●技术人才准备。今天的移动互联网技术人才都是从 PC 互
联网转型而来，他们本身都需要脱胎换骨。

● 硬件准备。手机屏小损害眼睛，长时间的"低头族"有
颈椎病之患。

●设计准备。移动终端的显示屏小，容易受到商品信息量变
狭窄的限制。

●支付系统准备。分散的互不兼容的支付系统给用户带来
不便。

●安全防护准备。手机端数据的流失意味着个人隐私完全被
侵犯。

●法律法规准备。防止移动信息决堤，是事先必做的防范
之举。

●移动互联网下可信移动平台接入机制的准备。

第一节　第三次工业革命

不要轻易谈革命

每一场工业革命都需要长时间的精心准备，每一次大改变，都是由无数个微改变铺垫而成。

今天的互联网书籍和论文，到处写满了"革命"的词汇。似乎革命很容易通过喊口号喊出来……

互联网要革谁的命？革什么命？怎样革命？

正如"狼来了"的故事，革命一词用得太多，大众反而麻木。因为，"革命"变成一种恐吓。

历史上每次重大的工业革命都是经过上百年的积累，上万个行业的整体技术突破和数百万个微发明做基础。

我们以第一次工业革命的重大发明"珍妮纺丝机"为例。1770 年 6 月，纺织工詹姆斯·哈格里夫斯申请了代号为 962 的专利产品珍妮纺织机。这种纺织机能同时纺出 16 条棉线。从此，第一次工业革命的大型制造业拉开序幕。工厂的林立造就了城市的财富，大量的农民从田间走向工厂。工厂越办越好，工人需求量激增，于是全球人口急剧膨胀。1700 年到 1850 年，英国人口增加 3 倍。这一点是珍妮纺织机的发明人所没想到的——他本想节省人力，却造成了人口总量激增。

即便是珍妮纺织机这样的伟大发明，也是由无数个微发明积累起来的。

英裔加拿大籍作家葛拉威尔为《纽约客》撰写的文章提供了一个很好的例子来说明这个现象：1779 年，英国兰开夏郡快退休的天才发明家克朗普顿发明了走锭纺纱机，促使棉纺业走向机械化。然而英国真正的优势在于，还有霍维契的史东斯为纺纱机加上金属滚轮；托汀顿的哈格里夫想出如何让纺车稳定加速减速；格拉斯哥的凯利加入水力作为纺纱机的动力；曼彻斯特的甘迺迪则改造纺车，纺出细纱；最后由来自曼彻斯特的精密机具高手罗柏兹打造出自动纺纱机：他重新思考克朗普顿的原始设计，把它变成精确、高速、可靠的新机器。经济学家认为，正是这些人提供了必要的微发明，才能让重要发明生产力高且有利可图。

18 世纪，英国如火如荼展开工业革命，发明家、工匠、铁匠和工程师联手大幅改进了当时的技术，英国的工业技术后来更传播到世界各地。

工业革命中"四大发明"

以史为鉴，我研究发现前两次工业革命中，贯穿其始终的四要素是理论、技术、设备、扩张手段。而且这四要素要达到空前的世界级的发明，才能推动一场全球工业革命。

正如高速行驶的汽车，相互配合的四轮驱动，让工业革命的大车一路向前冲。

理论：宏观经济理论引发关于技术、设备与扩张的应用学理论形成。

技术：能改变世界上所有行业的运营规则，或者是改变全人类生活方式的技术发明。

设备：改变全球制造业或服务业的替代性设备的出现。

扩张：有能力把设备运载到世界各地或者把技术发明复制到全球的运营模式和发明性工具的创新。

让我们尝试着把这四个轮子安放到第三次工业革命的大车上吧。

第一次工业革命：

①亚当斯密与大卫李嘉图经济学；

②蒸汽机技术；

③蒸汽机与纺织机；

④轮船贸易。

第二次工业革命

①萨缪尔森与凯恩斯经济学；

②电气化技术；

③汽车与计算机；

④关贸自由化。

第三次工业革命

①信息化与基因技术；

②机器人、3D 打印和智能手机；

③移动互联网；

④长江河畔的移动互联网。

18 世纪的第一次工业革命是技术发展史上的一次巨大革命，是机器代替手工的时代，为技术革命开启了先河。在从农业革命向工业革命转变之时，社会结构发生急剧更迭。第二次工业革命以电力的广泛使用最为显著。电力带动了机器，从而又衍化出了新能源。第三次科技革命引起了生产方式和思维方式的巨大变化，工业生产和技术结合，新能源的大规模应用大大促进了产业的升级发展。而从大工业革命时代到移动互联网时代的一个多世纪以来，技术又一次引发了关于生产力的革命。移动互联网时代堪比第三次工业革命，在中国激起移动互联网的超级风暴。历史一眨眼，很多模式已经是垂暮的年龄。面对越来越多的模式冲突，中国企业也在移动互联网的前景探索上表现出了异常的执着和热情。

2013 年企业市场发生了深刻变化，技术效应开始代替市场份额和劳动力成为企业发展的新引擎。云计算、3D 打印、工业机器人等新技术的驱动延续到现在，企业的组织发展方式形成了特有的移动企业模式。而随着阿里巴巴成功上市，中国的移动互联网赚足了吸引力，正在以幽灵般的姿态通过"跨界""融合"等方式颠覆和影响着所有行业。同时，我国本土企业在移动互联网的应用升级上得到了平台化的转型和大规模的移动化、平台化的技术发展。

从未来商业思维的趋势来看，移动互联网将会重塑所有的产业格局，并以逼格的影响力迅速侵占各个行业的中坚领域，我国的企业移动应用、大数据、应用平台等将不断掀起热点潮流。以数据作为驱动力，整合与拓展，每个企业都会在这场革命中得到锤炼，走向无数据不欢，无整合不营销的局面。

时代在变，技术不死。从工厂化生产穿越到蒸汽动力与铁路的时代，从电力技术的大力应用到大批量生产的多元化行业整合的移动互联网时代，企业的需求变革惊人而优雅，建立在移动互联网、新能源等基础上的第三次革命将极大促进生产力发展。考验和机遇并存，而我们的每一个创意和颠覆创新都将是移动互联网思维的应用尝试和心智成长。

以上三种技术之三可从欧洲、美洲、亚洲出发，汇聚到第三次工业革命的大海洋之中。除此之外，还有全球五大洲众多专家参与的基因技术也已加入到革命海洋的大合唱之中。

至此，第三次工业革命正式开始。中国不是纳米技术大国，不是3D打印技术大国，也不是基因研究大国，但我们可以是移动互联网大国。美国发明了由"0和1"构成的互联网世界，中国为什么不能发明一个新的移动互联网世界？

在世界大合唱的舞台上，只留下一个角色让中国成为主演。幸好，我们还有在后台准备的时间……

链接

全息手机

所谓"全息手机"，是采用计算全息显示技术的一种创新型手持终端。全息显示技术通过追踪人眼的视角位置，基于全息图像数据模型计算出实际的全息图像，再通过特殊的指向性显示屏幕将左右眼的立体图像精准投射到人眼视网膜中，从而使人眼产生和实际环境感觉一样的视觉效果。

第二节 开放，没有边界

自造时代

现代意义上的工厂的边界越来越模糊。用户都是设计师，工厂上游的原料商也加入到制造产品的过程中。随着3D打印机和激光切割机的引进，工厂几乎变成了一所高科技实验室。互联网络把原本的弱关联变成了强关联。

今后的工厂会认识到网络效应的威力：将人脉与点子结合，力量呈滚雪球似的变大。随着移动终端的加入，社群与创意的合成，使网络效应更加现实，更加可触摸。

这股力量的崛起发起于草根，源于去品牌化生活运动，得益于移动互联网助阵，借助于互联网链接，得到了3D打印等高科技的支持，完全改写了工厂的生产销售模式。由过去的设计师设计，产业工厂大规模标准化生产，再到销售部门的模型被颠覆。

富有个性的、众筹创意的多批次小批量订单滚滚而来。小企业由于饥渴度高和灵活性强，将是自造业时代的主要推动者和受益者。而今天你看到的规模庞大的标准化作业的工厂将会像恐龙一样从地球上消失。显然，目前大企业还没意识到它的长尾效应在自造业时代到来时会显得无比笨重，缺乏躲闪腾挪的空间。

是又一次"恐龙"们灭绝的前兆吗？自造者是要把DIY网络化、产业化吗？靠垄断信息制造产业信息不对称为生的大规模标准化工厂到了被信息经济撕碎的时候了吗？我给你看看自造者运动的三大特色，随便哪一项都能改变我们今天的生活：

●众筹创意、众筹设计、众筹蓝图……所有的与人的创造力有关的活动将不再在实验室里进行。人人都是创意家，人人都是设计师，人人都是建筑规划师。这将是移动互联网风行的理念。

这种风尚盛行的结果是传统工业中的研发设计部门该裁员了，甚至可能消失。

●人们把设计好的东西放到社群的网络中，哪怕有一次细小的发明打动了你，社群中的你就会成为购买者，并自愿地勇敢地向1000人传播。认可发明，比发明本身更有兴趣点。

这种原子量级的裂变导致了今天传统企业的销售和广告部门显得苍白无助和多余。

●在自动统计好需求订单之后，不是急于将设计档案格式寄到制造公司，而是将它晒到另一个网络社群……原料供应商为你计算成本，挑选最适合的材料，运输物流单位帮你计算产品到你家里的时间……这一切都在网络上进行。

这种制造业的透明度和公开性阻挡了暴发户的产生，却是可持续的交易模式。商业成就不再向亿万富豪倾斜，而是向类似小企业主这些中产阶层抛媚眼。分散的生产模式意外地促进了社会的和谐稳定。

在未来，今天所有的工厂都有存活的机会，问题在于你是否对自选时代持开放态度。

芝麻开门

以移动互联网为代表的世界第四代互联网的发展趋势是高举技术融合的大旗，要求所有的技术与发明在网络效应面前持开放态度。

为何发明人愿意这么做呢？在技术专利保护不甚成熟的今天，网络上发明专利的开放会不会让这些发明家饿死呢？非也。任何发明家理应有一个技术发明专利群，其中有一部分是获利来源，而大部分是不赚钱的沉默专利。把沉默专利拿到网络上晒一晒，不仅有利于人人参与发明，还能让自己的技术更成熟，而且能为技术专利的预售创造足够的人气。

技术与发明专利的开放原则是"利他利己"。倘若你坚持不开放并顽固地建坝建很高很高的墙，那么我说你完全忽视了网络的力量。

移动的效应比常见的网络效应更可怕的一招叫"翻墙术"。不管你建多高的墙，再高的墙都高不过移动讯号发射塔。假设翻不过你的墙，移动网络会迂回进攻，干脆用已关联技术做替代——娶你，你不干，想嫁给我的人多着呢！

除了技术发明专利的开放之外，以下开放将是趋势：

1. 开放源代码

如今软件业不断开放源代码。如 Firefox 浏览器、Android 平台手机、Linux 网络服务器。在中国的软件业，开放最彻底是 360 杀毒软件和小米手机，所以 360 战胜了金山软件，小米手机从竞争最激烈的电子产品中脱颖而出。

鉴于研究小米手机的书籍汗牛充栋，在此不再赘言，但是有一条我必须讲，我觉得在小米成功的所有因素中，开放是其中最重要的关键要素。

开放不仅仅是一种姿态，更是一种心态，是一种敢于从源代码开始的开放行动。

2. 开放世界

边界就是壁垒。设置边界就是阻挡信息流动。第四代互联网移动互联网可没有那么傻，推倒行业的壁垒开放垄断行业的边界是移动互联网送给人类的礼物。

如开放了汽车维修的壁垒，4S 店的利润就会下降，因为人人都是维修工，甚至汽车出现小毛病也不必把车开到汽车维修厂。再如开放了公路信息，人们就不再用交通广播接收信息，而可以使用移动手机的语音提示功能，从而减少了道路拥堵，减少了事故。又如开放了诊疗信息，从而解决了由于信息不对称造成的医患矛盾。

开放，的确是个好东西。最应该开放的是银行。银行是个倒空卖空的机构，它本身不创造任何价值。如果让银行继续靠政策垄断它的业务范畴，其结果必然是与民争利。

中国新一届政府说，改革开放到了深水区。这句话一开始好多人不理解，中国不是已经很开放了吗？其实，从浅水区到深水区的开放更难有战略价值。

3. 开放思想

思想开放是一切开放的根源。思想一开放，地球将变样。

正如苹果鼓励音乐粉丝"选择、编辑、烧录"（Rip. Mix. Burn），自造者也开始了"选择、修改、创造"（Rip. Mod. Fad）：将物品进行了 3D 扫描，以 CAD 程式修改，再用 3D 打印机制造。这都是思想解放的结果。苹果从 SONY 手中解放了音乐，从柯达相机手中解放了照相功能。其结果是 SONY 公司倒闭了。SONY 倒闭在思想不开放的大门口。

　　开放让世界吹起了混搭风。在未来，越来越多的产品之间边界模糊，互相替代性加强。

　　总之，开放不是为别人着想，而是为了自己的救亡。永存开放思想的企业家是无往而不胜的，一个持续开放的民族也是不可战胜的。

　　然，开放没有边界，但，开放却有底线。

第三节　开放的密码

开放的科学观

　　移动互联网思维是处理人和人之间关系的哲学，其中大量的思维密码并非虚拟，而是物质的。既然是物质的，我们尝试着从研究物质规律的物理学中寻觅打开密码的钥匙。

内开放

在开放的形式中，最重要的开放是内开放。随着大数据时代的到来，一个问题接踵而至——怎么用好大数据？大数据仅仅用于记录某一事件的发生概率是不是太浪费了？大数据是不是一种有效率的管理手段？

运用大数据管理，还可以以善治恶。

链接

商业巨头是怎么玩转大数据的

在大数据推动的商业革命暗流中，要么学会使用大数据的杠杆创造商业价值，要么被大数据驱动的新生代商业格局淘汰。

大数据的商业价值

大数据这么火，因此很多人就跟起风来，言必称大数据。可是很多人不但没搞明白大数据是什么的问题，也不知道大数据究竟能在哪些方面挖掘出巨大的商业价值。这样瞎子摸象般的跟风注定了是要以惨败告终的，就像以前一窝蜂地追逐社交网络和团购一样。那么大数据究竟能在哪些方面挖掘出巨大的商业价值呢？根据 IDC 和麦肯锡的大数据研究结果的总结，大数据主要能在以下 4 个方面挖掘出巨大的商业价值：对顾客群体细分，然后对每个群体量体裁衣般地采取独特的行动；运用大数据模拟实境发掘新的需求和提高投入的回报率；提高大数据成果在各相关部门的分享程度，提高整个管理链条和产业链条的投入回报率；进行商业模式、产品和服务的创新。笔者把他们简称为大数据的 4 个商业价值杠杆。企业在大踏步向大数据领域投入之前，必须清楚地分析企业自身这 4 个杠杆的实际情况和强弱程度。

（1）对顾客群体细分，然后对每个群体量体裁衣般地采取独特的行动。瞄准特定的顾客群体进行营销和服务是商家一直以来的追求。云存储的海量数据和大数据的分析技术使得对消费者的实时和极端的细分有了成本效率极高的可能。比如在大数据时代之前，要搞清楚海量顾客的怀孕情况，得投入惊人的人力、物力、财力，这使得这种细分行为毫无商业意义。

（2）运用大数据模拟实境挖掘新的需求和提高投入的回报率。现在在越来越多的产品中都装有传感器，汽车和智能手机的普及使得可收集数据呈现爆炸性增长。Blog、Twitter、Facebook 和微博等社交网络也在产生着海量的数据。云计算和大数据分析技术使得商家可以在成本效率较高的情况下，实时地把这些数据连同交易行为的数据进行储存和分析。交易过程、产品使用和人类行为都可以数据化。大数据技术可以把这些数据整合起来进行数据挖掘，从而在某些情况下通过模型模拟来判断不同变量（比如不同地区不同促销方案）的情况下何种方案投入回报最高。

（3）提高大数据成果在各相关部门的分享程度，提高整个管理链条和产业链条的投入回报率。大数据能力强的部门可以通过云计算、互联网和内部搜索引擎把大数据成果和大数据能力比较薄弱的部门分享，帮助他们利用大数据创造商业价值。

（4）进行商业模式、产品和服务的创新。大数据技术使公司可以加强已有的产品和服务，创造新的产品和服务，甚至打造出全新的商业模式。以 Tesco 为例，Tesco 收集了海量的顾客数据，通过对每位顾客海量数据的分析，Tesco 对每位顾客的信用程度和相关风险都会有一个极为准确的评估。在这个基础上，Tesco 推出了自己的信用卡，未来 Tesco 还有野心推出自己的存款服务。

大数据的商业革命

通过以上4个杠杆，大数据能够产生出巨大的商业价值。难怪麦肯锡说，大数据将是传统4大生产要素之后的第5大生产要素。大数据对市场占有率、成本控制、投入回报率和用户体验都会起到极大的促进作用，大数据优势将成为企业最值得倚重的比较竞争优势。根据麦肯锡的估计，如果零售商能够充分发挥大数据的优势，其营运利润率就会有年均60%的增长空间，生产效率将会实现年均0.5%～1%的增长幅度。

在大数据推动的商业革命暗流中，与时俱进绝不仅仅是附庸风雅的卡位之战，要么学会使用大数据的杠杆创造商业价值，要么被大数据驱动的新生代商业格局淘汰。这是天赐良机，更是生死之战。成功者将是中国产业链升级独领风骚的枭雄，失败者拥有的只有遗憾。

第四节　开放的底线——信、善、和

信

大凡成功的企业都有其相似的特征。我把它们的基本特征总结为三个字"信、善、和"。信生善，善生和，和生财。

这是开放的底线。

信

对于一家企业而言，除了运营和销售，其他都是成本。从这个意义上说，经营工作是企业家的第一要务，是大于一切的"天"。因为个人有信用，企业有信誉，所以用户信赖，所以用户的持续购买保障了企业的基业长青。信商触碰了信用的最深处——提倡个人信用是企业信誉的最核心竞争力，个人品牌是企业品牌最核心的资产。在未来时代，信商提出以信交友，就是不把消费者当成购物者，而把他理解为活生生的人。经营工作人性化，销售体系数字空间化，用互联网平等公平的信义为出发点，让客户成为粉丝再营销自我，达成不销而销的最高境界。

苹果产品行销全球与乔布斯创造出来的无数个果粉有直接联系。如今乔已驾鹤西去，但留下来的他的创造性精神文化以产品为载体供人们消费。卖苹果之前先制造果粉。中国有个"褚橙"卖得很好，我买过尝过也不怎么好吃，但还是愿意再买，价格高一点也可以接受，原因很简单，我买的不是橙子，而是褚时健不折不挠的人生态度。我是褚粉，当然吃褚橙。

信者，生于心，现于行。信源于真实，以深刻的文化内容呈现，以人类共同偏好的价值观借一个朗朗上口的故事，飞快传播。信生翅，信不需要太多广告投入，这无形中减轻了企业开发市场的成本压力。可是有一种投入必不可少，那就是企业家个人的真实价值观。做一个有内容的人，做一个有故事可讲的人，做一个感动别人的人。这种投入更需时间、耐心、毅力。

记得年轻时在上市公司天士力当顾问时，闫希军总裁最经典的一句话是这样说的，"男人40岁以后才懂真正办企业"。的确如此，40岁以前的男人迫于生活和社会的压力，赚快钱觉得理所应当，哪有长期规划？大凡大企业家的确有一个40岁以后开悟的过程。觉悟得早点成功就来得快点。

创办信商以来，我边做边悟，我逐渐悟到的只有一个字——信。

善

世界经济学有一个"企业赢利平均值理论"。研究30年发现，处同一水平线而采用不同战术的企业，其30年内的公司股值几乎均衡。

我也有一个"华氏幸福平均值理论"。我研究了100家大企业家的内心幸福值，发现他们成功后和做大前幸福值也是均衡的。上市公司老板的苦恼只有上市后才知道。

假如一个人的幸福不是企业大小和赚钱多少决定的，那么没有理由用"恶"的态度生产诸如有毒食品的劣质产品。产品的背后是人品！人的态度决定产品对用户的态度。假如你把用户看成你的亲兄弟姐妹，你的善良被激发出来，你收获的不仅仅是钱，还有对等的善意回馈。

信他才会爱他。因信生善，因善生爱。用爱心做出的产品会是市场上完美的精品，何愁没有长期用户？经常出国的人不难发现，国外很多百年老店孤零零就那儿一个，你问他为什么不多复制出几个店，他会说他还能剩下多少度假的时间。

中国市场不缺产品，缺少"善"。

和

在大学教MBA这么多年，有一个问题一直很困扰我。为什么中国的中小企业老板读过这么多管理课，自己的企业没有太多管理提升？为什么国外的 MBA 却有不一样的成效？

表面上看是中国的大学 MBA 教育没有自己独创内容，更本质上我认为这是社会大环境不让人相信书本上的东西。坐在教室里越听教授讲越激动，出了门冷风一吹还得回到急功近利非常浮躁的状态。土之不肥，奈何种乎？

这是一个全中国人必须重视的微观经济现象。如果中小企业没有可持续成长的土壤，就一定诞生不了像苹果和谷歌这样的世界级企业。假如我们换个角度，用"和"的眼光看企业管理，我们就有可能改造这块土壤。

管理冲突大多源于管理沟通和利益分配不均。如果以和谐为目的营造体制机制，以和为贵对待合作伙伴，以利他再利己的和谐思维，我觉得管理会变得简单而有效。"和"不仅仅是目的，更应该是手段。

企业运营是"天"，生产产品是"地"，管理的对象是"人"。天生地，地生人，人生财。如同信商的三大理念，信生善，善生和，和生财。信天、善地、和人，一个美好的信商时代开始了。

链接

（声音）吴晓波：信用是你唯一需要保全的财产

创业是一个幸存者游戏。所有的创业者都可能面临灭顶之灾。这就如同一幢房子，很可能会突然着火。在熊熊烈焰中，你需要冒着生命危险抢出来的唯一财产，不是椅子、电器或账本，而是你的信用。

2005 年，我（吴晓波）去天津寻访孙宏斌。那时，孙宏斌是中国企业界新晋的"最大失败者"。

孙宏斌于 1994 年创办顺驰。2002 年之后的两年里，顺驰由一家天津地方房产公司向全国扩张，成为房地产界最彪悍的黑马，气势压倒万科。然而，在 2004 年二季度的宏观调控中，顺驰遭遇资金危机，孙宏斌被迫将股份出让给香港路基，成为当年度最轰动的败局新闻。

一开始，孙宏斌答应接受我的约访。然而在最后一刻，他派出了一位老同学接待我："什么都可以问，我都会如实答，不过宏斌不愿意出来。"在一周的时间里，我先后访谈了地方政府官员、银行、媒体记者以及顺驰的几位高管，渐渐把成败脉络摸索清楚了。就在这个过程中，我（吴晓波）突然有一种预感：孙宏斌还可能重新站起来。

预感基于这样的一个事实：在企业即将崩盘的前夕，孙宏斌很好地维护了与当地政府的关系，解决了与银行的债务问题，对那些遣散的员工也尽量妥善安排。也就是说，在最困难的时候，孙宏斌唯一竭力保全的资产是信用。

孙宏斌是一个个性极度张狂和偏执的人，顺驰的失败在很大程度上与他的这一秉性有关，可是，他恰恰又是一个重视个人信用的人。

所以，在写作顺驰案时，我（吴晓波）最后谨慎地添上了这么一段话："这位在而立之年就经历了奇特厄运的企业家，在四十不惑到来的时候再度陷入痛苦的冬眠。不过，他只是被击倒，但并没有出局，他也许还拥有一个更让人惊奇的明天。"有趣的是，这段文字居然应验，孙宏斌随后创办融创，在2009年的那拨大行情中顺风而起，并在2010年10月赴香港上市。

第 四 章

沃晒观点

章节导读

　　移动互联网的发展正在上升通道中，大量围绕移动互联网展开的应用和商业模式被提到仪事日程上来了。沃晒就是移动互联网催生下的精灵。沃晒能给信友带来什么益处？能给企业家带来什么好处？什么样的产品和服务是我们渴望进入商城的？信商模式的基本定位是什么？……所有这些问题需要回答。

一　专注

观点导读

互联网本身是专注于信息传播的，任何互联网公司成功首要的共同要素是专注。专注，专注还是专注。

互联网本身是专注于信息传播的，任何互联网公司成功首要的共同要素的是专注。

从微信，看到专注的社交；从淘宝，看到专注的电商；从口袋购物，看到专注的导购；从百度，看到专注的搜索；从唯品会，看到专注的特卖……互联网离不开专注。没有专注，必然失败。就如同腾讯做不好电商，阿里做不好社交。

你如把所有重心放在一处，想失败也难。专注不仅仅是坚持，而是在坚持的同时保持专注。只有几近疯狂的专注才会成为核心竞争力。腾讯做QQ 的第三年，这只企鹅差点被卖掉。腾讯坚持了，所以才有了今天的微信。阿里巴巴也倒闭过，500 元一个月的薪水坚持下来了。在互联网领域，如果在低潮时不再坚持，就无法继续专注下去。

实际上，互联网公司有一个"三段论"——进阶理论，分别是初始、优化、量变。拿国内上市公司唯品会举例。唯品会的合作商户2009年76家，2010年411家，2012年1075家。三年营业收入分别是280万美元，3258万美元，2.27亿美元。唯品会用了三年时间经历了初始、优化、量变三个阶段，已经是国内互联网公司成长最快的了。试想，这三年内唯品会只要有一次决定转向，放弃定位，就不会有今天不俗的表现。

在互联网领域有很多传说，但所有的传说都跟坚持专注有关！

二 不疯魔，不成佛

观点导读

沃晒主张极致思维，把产品做到极致，把用户体验做到极致，把标签思维做到极致。

沃晒主张极致思维。

把产品做到极致，把用户体验做到极致，把标签思维做到极致。

产品为何要做到极致？如何把产品做到极致？沃晒商城为何要选极致产品？

互联网不同于线下实体店。线下实体店是营销的区域闭环，换句话说，用户购买半径的限制决定了用户消费的不挑剔。因此，线下实体店用购买便利性掩盖货品的不极致。

互联网不一样。互联网没有边界，在用户零距离接触所有产品信息时，她们当然会十分挑剔。由于注意力效应的出现，用户一定会选择那些非常与众不同的产品。如果她们网购后有非常强烈的消费体验，口碑传播效应才能出现。让产品的用户去口碑传播才是互联网降低企业营销成本的真谛。这样就不难解释，为何有些企业运营互联网营销是亏损的，因为他不懂互联网的精髓。

只有把产品做到极致才能在互联网上吸引用户注意。只有这些极致产品带来用户的极致体验，互联网才能真正帮助到企业。说到底，互联网是个工具，起决定作用的是产品本身以及企业家本身是否具有互联网思维。

那么，怎样的产品才极致呢？我讲三个互联网极致产品开发应当遵守的逻辑。

（1）20/80原则。把产品定位于20%的用户，避开80%的大众。大众的产品市场定位已经被开发过度了。

（2）疯子精神。只有把自己逼疯，才能把对手逼死。互联网用户要的是100分满意的产品和服务。

（3）痛点思维。优先考虑用户的痛点。任何行业今天都有诞生极致产品的机会，因为所有产品都有用户体验的痛点，你只要解决了，你就使产品向极致化靠近一步。别人给痛，你给痛快。你就是差异化极致产品的基因。

如果产品达到极致，怎样解决用户体验极致？怎样口碑化自动传播呢？下文专述。

三 尖叫点思维

观点导读

华氏尖叫理论三部曲：做足减法，放大痛点，制造关注。

什么是用户极致体验？什么样的体会叫尖叫？为什么我说，只有那些有尖叫点的产品才适合移动互联网？

让我先从尖叫说起。你见过歌迷见歌星的场面吗？那种发自肺腑的声嘶力竭的尖叫，那种不顾一切地呐喊，生动、愚蠢又可爱的尖叫的背后是人类爱恋自己的呈现。

没有热爱，就没有泪水。没有炙爱，就没有尖叫。拥有不那么淡定的粉丝才说明产品带给用户的极致体验。苹果乔邦主做到了，小米雷军做到了，还有看到本文的人可能做到了。

移动互联网不同于互联网。它的界面之小更需要我们思考如何实施"尖叫战略"。我觉得可参考华氏尖叫理论三部曲：做足减法，放大痛点，制造关注。

做足减法

一款让用户从头赞到尾的产品，是让用户摸不着头脑的产品。尖叫点越多，越没有尖叫点。围绕核心尖叫点做足、打磨到极致，把那些与产品核心功能联系不够紧密的尖叫点放弃，只突出一个。所谓极致，就是把一点突出放大。

放大痛点

拿放大镜把用户的痛点放大 100 倍。用户购买只为了两个需求：满足快乐和消除痛苦。为了让用户掏钱去逃离痛苦，你必须预先放大她的痛点。这就像追女孩子，放大她的痛苦的催泪战术，更能让她产生你才是她知音的感觉。

制造关注

不要让用户觉得你的产品随时随地随便可得到。一个随便可以买到的产品是没有关键价值的。所以，我们沃晒商城选择的产品一定是独一无二，只有在沃晒才能有的产品。这样做，不是为了保护沃晒商城，而是为了极致产品创造的极致消费体验。不在这里，别处买不到，不马上购买，可能永远买不到了。要制造关注。

那么怎样才能建立移动互联网的尖叫局面呢？你应该做哪些准备呢？下文详解。

四 极客主义——少数即多数

观点导读

互联网注重"传播"效果，移动互联网注重的是"分享"；互联网强调"量大体大"的商业模式，移动互联网支持"小而美，特而美"的可持续商业模式。

　　互联网注重"传播"效果，移动互联网注重的是"分享"；互联网客户虚拟经济的色彩比较明显，移动互联网由于一人一机的载体形式，更具有实体经济的味道；互联网强调"量大体大"的商业模式，移动互联网支持"小而美，特而美"的可持续商业模式。这是华氏总结的互联网与移动互联网的三大区别。

　　如果认可这样明显的区别存在，就需要承认移动互联的独特价值观和颠覆传统互联网的思维定式。所以，在我眼里的互联网专指移动互联网。彻底摈弃传统，冲入人迹罕至的浩渺的太空，那里有着最美的商业景观，是我所爱。

　　移动互联必须基于极客思想。何谓极客？弄懂她之前，我问问你，几千年来人类最推崇的是什么？什么才是人类永恒的追求？我觉得是"时尚与思想"。年轻、美丽、时尚在任何时候都被追捧，那些倚老卖老的平庸之辈其实心里特别不乐意别人说她（他）老。一个时代的思想家总会被庸者冠以"异端"之名，那是因为她（他）们无法做到杰出，而羡慕杰出者罢了。

　　雷军说，"因为米粉，所以小米"。这就是与沃晒商城运作模式一样的商业逻辑——先有粉丝级用户，再做极致化产品。以创始人个人魅力影响力凝聚价值观相似的粉丝，并且让产品体现这种价值观。雷军的第一批用户是那样的少得可怜，是一群技术和创业爱好者，我称之为"极客"。极客也是客户，但不是普通大众客户，他们是一群忠诚的粉丝，不拿雷军一分钱工资，每天替他宣传思想。他们不要回报，甚至不在乎产品缺陷，他们把消费现象推向了一个极端，他们甚至不许别人说雷军一句坏话，他们活在自己创造的英雄世界里，舒展思想，释放自己的情绪。他们就是极客。

　　极客，数量不多，但引领多数。这是"少即是多"的移动互联的消费道理。去想想怎样满足少数派吧，别天天盯着多数人不放。移动互联的核心运营思想就是"极客主义"。

　　那么怎么找到并培养自己的极客群呢？且听下回分解。

五 卖场变情场

观点导读

喜，抑或悲。有情场，才有极客。情是黏稠度最高的物质。

移动互联网不同于互联网之处，还在于移动互联网使用了用户的碎片化时间。那么没有移动互联网时，人们的碎片化时间在干什么呢？交友、恋爱，运动，休闲，购物，和家人在一起。人类的自然习惯不会因为移动互联网而改变。互联网是为人服务的，所以，响应人类的习惯才是工具化网络所要服从的规律。

仔细研究，你会发现，人们的碎片化时间都是用来处理情绪的，自己的和别人的。所以进入沃晒的产品或服务，必须有办法制造消费情绪。把用户当人看，而不仅仅理解为购买者，我们占用了用户碎片化时间，因此要顺势而为，给消费者以丰富的情绪消费。

如购物时给用户发放"信币"。信币是如同比特币一样的虚拟货币，所不同的是，信币不对外流通，只在沃晒商城流动。用信币可以买电影票、旅游、吃住、洗头、美容……信币有商户自主发放和总部发放两种方式。这样，当天不购买任何产品的人都有可能通过挖信币而得到免费服务。把用户的碎片化时间理解为一个制造各种情绪的情场。

每个人，每一天，都有不同的情场。比如，我热爱张学友，20 年不变。我超赞迈克·杰克逊，人类再也无法超越他所创造的浑然天成的音乐形式。我崇拜摇滚歌星崔健，只要给一支话筒，他站着不动就把全场掀翻……我的情绪啊，我的场。这应该成为移动互联的特殊性，因为碎片化时场的出现，变卖场为情场，成为可能！

喜，抑或悲。有情场，才有极客。情是黏稠度最高的物质。

六　特供模式

观点导读

商业模式是柔性思考的呈现和延展，我们只需要一个词——"特供"。

我研究了所有的互联网成功企业，发现它们对自己所创造的特立独行的商业模式的顽顾不化的坚持。那份坚守，那份执着，那份愚钝，让人感动。外面的人总看到他们光鲜亮丽的人生，总喜欢把有血有肉的商业思考事后总结出商业模式，却容易忽略成功者为何要坚持的内在动因。

我常说，初始心决定终点站。探索一个成功模式成功之前的奇思妙想的可爱度，比一句简单的创新语句去归纳总结更有商业审美情趣。赞叹佩服一个成功者内心深处对世界悲悯式的思考路径，比模式本身商业价值的成功更能带动人类对成功的重新定义。我把这种说不清楚的成功者基因称之为"柔性思考"。

商业模式是柔性思考的呈现和延展。我经常为我们所处的时代能有这么多"伟大的柔性思考者"而欢呼，从内心深处感受他们的同行传递的震撼力。当沃晒模式尚处于柔性思考阶段时，我承认，我爱上了我自己。沃晒商城是一种不可抑制的商业冲动！她尚在怀胎五月之中，我已经和她进行了对话！

对话一："特供"能属于平民消费吗？平民是否有权享受绿色蔬菜、生态水果、定制服装、健康干预、专家保健、科技体验？……我们能不能把世界上最棒的产品和服务，以不可思议的低廉价格，给予更多平民参与消费体验的机会？如果可以，请让我们立即行动。

对话二："简单相信"才能降低用户购买时的选择机会成本。并非降低才是用户成本，用户买错了产品也是成本。我们能不能设置一个开关，把不守信的产品和服务挡在门外？唯品会雇用了1000个产品经理，沃晒有百万个产品经理，可否彻底实现"人人都是产品经理"的互联网理念？

对话三：放弃80%，把用户对准20%消费。寻找令人尖叫的产品。把雷军式的人挖掘出来。我不相信中国只有一个小米雷军。我深信不疑的是，有更多的雷人级的产品被不懂营销的企业家雪藏。沃晒是"发现号"。

对话四：只有购买者才是用户吗？旁观者虽没有参与消费，但却参与了消费体验，沃晒能不能给他们好处？所以沃晒在设计一种商城内部流通的类似信币的符号，只要你参与体验，哪怕是旁观，也有回报。

对话五：发现小而美。一个城市中有没有规模不大，但是很好吃的饭店？一个行业中有没有产量不高，但十分精美的手工产品？健康行业中有没有没有药准字批号，但比药品功效还好的产品？旅游路线上有没有令人尖叫的线路，但还没被人发现？

沃晒是个提问者，答案在民间。这也正应和了我们常讲的一句话"高手在民间"。沃晒处于怀孕期，思考期，探索期，鼓励各种方式参与。我们是提问者，你才有答案。我们只需要一个词——"特供"。

七　屌丝逆袭

观点导读

未来十年流行什么经济学？是屌丝经济学的天下。不懂屌丝，不要搞移动互联网。谁抓住了屌丝，谁就拥有移动互联网一席之地。

未来十年流行什么经济学？是屌丝经济学的天下。我就在研究屌丝经济这个支撑移动互联网最可贵的学问。不懂屌丝，不要搞移动互联网。

以往商业社会的主要驱动力是"炫耀性消费"和"炫耀性休闲"。LV和海天盛宴令人神往的时代过去了。现在谁还带 LV 呢？当今国母第一夫人的穿戴引发了国货潮。在屌丝经济发刃之初，国母无意但却猛烈地推动了去品牌化，去奢侈化，去"高大上"化。

何谓屌丝？中国第一屌丝当史玉柱莫属："（我）人丑了点，心色了点，良心'坏'了点，嘴巴大了点"，还一直穿着"红上衣，白裤子，红短裤"。这是史玉柱的标准形象。在退休时，史玉柱再次强调自己的屌丝身份，生怕别人跟他抢。"我是屌丝史玉柱，以后谁自称屌丝，向本屌丝交一分钱品牌使用费。"

史玉柱做屌丝还有一层深意：不管我做脑白金还是做网游，你们都不认同，既然我不能站在道德制高点，不断被质疑，那我干脆做屌丝，不做高富帅，我就是一老混混，你拿我怎么样？在史玉柱的决绝与果敢的背后站着两个人的身影，一个是舞台上的屌丝陈佩斯，一生只演社会最底层，从小偷到混混到汉奸。但是谁敢说陈佩斯不是中国最受人尊敬的喜剧之王？另外一个人或许会是沃晒。

移动互联和屌丝结缘是历史的选择，更是商业化的需求。从商业模式上看，屌丝经济是彻彻底底的"长尾经济"。单个个体消费数量不多，金额不高，但是消费者群体是庞大的，占据这个社会的绝大多数。况且，社会普遍意义上的无力感和越来越强烈的失落感，会使社会主体人群屌丝化，加入屌丝的人群会越来越多。移动互联的社交属性又加剧了屌丝活跃度。更重要的是，屌丝的思维是以偶像为中心，一旦成为某个产品或品牌的粉丝，就会奋不顾身地热心传播。高富帅是以自我为中心，是品牌传播链的断点，而不是续点。

为何说"高大上"是品牌营销的断点？这是因为他们是炫耀经济学，是卖弄经济学，与移动互联网的分享参与平等的理念完全背道而驰。如果有哪家移动互联网把客户定位于"高大上"，那它将注定失败。屌丝则不同，在屌丝眼里，没有商场，只有江湖。商场讲规则，江湖讲义气；商场讲处罚，江湖可以自由发挥。屌丝买东西不是因为炫耀，不是因为需要，而是因为喜欢。感情和义气是屌丝购物的动力。谁抓住了屌丝，谁就拥有移动互联网一席之地。

信商团的主力并不是"高大上"，"高大上"懒得跟我们玩儿。当然我们也不爱搭理他们。用高级屌丝来形容我们可能比较靠谱。我们不大喜欢政治，但我们无比热爱生活；我们不会站在道德的制高点批评别人，但我们讲义气从不伤害朋友；我们在一起从来不吃山珍海味，却每天讨论怎样让更多人享受最好产品。

重新定义屌丝吧。世上唯一不变的是变化。

八　非控制性参与

观点导读

巨头控制性思维不适合移动互联网的基本思维模式。民众参与式的自下而上的发动，才是下一个移动互联网巨头诞生的自生命体。

我曾经预言，以下两类企业做移动互联网不可能成功：一是当今的互联网巨头，二是制造业巨头。

为什么说他们一定不会成功呢？不管他们多么有钱，也不论他们如何布局，都无法成为下一个十年移动互联网的老大。这是因为：

第一，巨头控制性思维不适合移动互联网的基本思维模式。当今世界的虚拟经济和实体经济的巨头们，均是十年前先进思想的领跑者，所以历史上过去十年的辉煌属于他们。但是他们也只能属于历史人物。因为他们身上有一种最致命的精神毒素，叫控制。

2014年年初，大佬们见到移动互联网公司就扑过去，拿钱去砸。结果很快会实现我的预言，一种先进的思想一旦被一种落后的思想控制，用物质捆绑并控制，也就是这家移动互联网公司死亡的开始。基因被替换，新物种不会诞生。

第二，民众参与式的自下而上的发动，才是下一个移动互联网巨头诞生的自生命体。今天，一种重要的思想误区，表现为人们对于一家新初创的移动互联公司的质疑，往往会问：这家公司和腾讯有合作吗？和阿里有关联吗？……似乎巨头的背书才是成功的保障。

在我认真思考后，我给你一个完全不同的答案。今年上半年上线的移动互联公司都不是未来十年的领军企业。他们都将成为殉道士。移动互联网是一场全民商业娱乐，是自下而上的智能终端的平民狂欢。

第三，移动互联网是对互联网的迭代更新，是一场彻彻底底的商业革命。我们应该富有这样的远见：任何基于互联网基因的 IT 企业，转型移动互联网都不会成功。正如孙中山先生领导的民国革命不会容忍清王朝的遗老遗少去领导革命一样。移动互联只属于新人新面孔。

不管你愿不愿意，移动互联是一场迭代革命，而不是修修补补。

九　信价比

观点导读

性价比只强调产品竞争关系的成本与功用之间的比较。沃晒提出的"信价比"不仅仅具有以上含义，还包括消费参与、互动评价、智能娱乐等并非消费也能得到的快乐收藏。

人们常说产品性价比，从未听说过"信价比"。信价比是沃晒独有的产品消费概念。它指沃晒商品的机会成本、货币成本与产品功能、体验指数之间的比较。性价比只强调产品竞争关系的成本与功用之间的比较。信价比不仅仅具有以上含义，还包括消费参与、互动评价、智能娱乐等并非消费也能得到的快乐收藏。

（1）信价定义。出现在沃晒商城的商品价格必须介于代理经销价和成本价之间。也就意味着，即使是线下经销商也拿不到的价位，并以此价格满足消费者的大量购买。沃晒没有电商的流量费、平台费、促销费……等"苛捐杂费"，所以把中间省下来的好处让渡给用户。

（2）信用价值保护。既然商户如此信任沃晒，沃晒也应该对这份信任做出回应。为保障入住商户基本利益，沃晒不制造恶性竞争机会，即排除与沃晒入住商户有直接竞争关系的企业进入。先进者先得益。

（3）信币挖掘机。沃晒爱护不消费产品的用户。沃晒总部每周都会随机发放信币，支持拥有挖掘机的用户挖出信币，置换沃晒商城所有产品和服务。将免费模式进行到底，沃晒提出每周末全民狂欢日。沃晒爱粉丝。"打土豪，分信币！"

（4）信价不代表低价竞争。尽管沃晒一再强调对90%的商户要求全球最低价特供，但是对于涉及国民健康等高科技企业给予最惠商户待遇，准许个别商户把价格调整到经销价以上，以保障这些企业有足够的资金用于产品研发和技术升级，更好地服务国民健康。

信价，必将成为价格标准参考尺度。让用户在简单相信中购物，让买卖双方关系变简单。这是信商的立足点。

十　替代性倾覆

观点导读

功能手机最大的特点是拥抱生活。智能手机又向前大大推进了一步，拥抱互联网。智能手机拥抱互联网的结果就是移动互联网的萌芽。这是一次全新的颠覆，是替代性颠覆。

智能手机改变了什么？移动互联网要革谁的命？沃晒承担着什么样的使命？

先请看一组数字。2010 年第四季度，全世界智能手机销量达到 1 亿部。这是个令人激动的数字。更令人激动的是，这是智能手机第一次超越个人电脑（9300 万部）。2011 年第一季度，电脑没有增长，智能手机又是 1 亿部。从此，电脑一蹶不振。历史的拐点出现了。

2011 年是移动互联网的创始元年。以前我们用的手机叫功能手机。功能手机最大的特点是拥抱生活。智能手机又向前大大推进了一步，拥抱互联网。智能手机把互联网带到一个从未有过的全新高度，它是手持的电脑。在多数时间，在流量允许的情况下，手持电脑与智能手机可以联网。通过手机信号塔提供的无线连接要比通过建筑物间的铜缆更廉价。笔记本电脑的电池在一天内会用完，智能手机也能用一天，充电耗能更少。智能手机价格比电脑便宜得多。更重要的是全球有一半以上的人不会用笔记本电脑，而全球所有人都会用手机。

智能手机拥抱互联网的结果就是移动互联网的萌芽。这是一次全新的颠覆，是替代性颠覆。人类第一次开始实现真正意义上的全民互联网。从肯尼亚的渔民到北极圈内的探险者，从巴西热带雨林到西藏牧民，多联的地球村联网开始形成。这在个人笔记本电脑靠地下铜缆支撑的互联网时代是不可能实现的。

地球智能化开始了。所幸的是，移动互联网时代，中国跑在了美国欧洲的前面。我们的民族可以输掉甲午战争，可以输掉明治维新改革时机，但绝不能输掉移动互联网战争。这是一个决定哪个民族在地球村形成后有没有经济主导权的战争。

赢得移动互联网战争，沃晒虽处怀胎中，但自认有责。

十一　跳墙

观点导读

移动互联的真正意义在于打破了横亘在行业或者门户之间的那道墙，把看似不关联的事物进行了有机关联。

我吃过一道名菜，叫"佛跳墙"，直到现在也弄不懂为何它这么叫。移动互联网的萌芽，让我意识到未来世界的营销词典中将会把"资源整合"这四个字删掉，改为"跳墙术"。

所谓资源整合是对参与整合的各方的现有资源各取所需。移动互联网时代的思维方式不一样，不仅可以把现有资源各取所需，而且可以翻过几道墙，获取你想不到的资源。

举个简单例子，在高速公路上出了车祸，你会第一时间报警，打120求助电话。在等待救护车到来的这段时间，也是生命救助最关键的时间你还能做什么？取出你车上的救助工具？拿出你常备的应急药品？你也只能这样了。但是有了移动互联网，你可以上传图片视频，你可以迅速定义自己所处的位置，你可以在全球最顶尖的医学专家的指导下，对伤患进行非常专业的诊疗，并且把你的现场救助和处于移动状态的救护车取得联系，最大限度地救助生命。

　　移动互联的真正意义在于打破了横亘在行业或者门户之间的那道墙，把看似不关联的事物进行了有机关联。随着数据库的运用，随着云计算、云数据、数据云的来临，移动互联让世界产生所有的关联，放大了人类的所有想象力，释放了全世界的创造力。或许有一天，人类将永生。人死后可以把他的脑子里的数据上传给数据云，移动终端接受这一信号，这个人就可以不"死"，像活着一样陪着你聊天说话，只不过他变成了一部手机。

　　这不是梦，这是一种可能。

十二　沃晒（我秀）

观点导读

　　沃晒模式是一个生活模式的切换，交互切换，服务置换，最有特色的资源深层配置。沃晒，因生活而生，为秀生活而来。

　　电商带来的消费体验是功能性的好评、差评，移动互联网带来的是全民生活秀。这场全民狂欢是一场移动盛宴。沃晒挑起这杆大旗。

　　沃晒模式是一个生活模式的切换。举个例子说，你从北京到山东青岛出差，一下飞机，手机就被切换成"沃晒青岛"生活模式。你可以住在崂山最有特色最不为人知的茶园宾馆，喝崂山矿泉，品崂山生态红茶，吃崂山生态茶餐，过两天山间仙人生活。这一切都是沃晒为你定制的生活。花很少的钱尽享青岛精品。这家茶园主人是信商团信友，天然的信任感让你们成为朋友而非单纯消费意义上的购买者。

你会把你的生活视频上传分享，秀你的感受、你的体验，绝对不是一个好评、差评那么简单。如此这般，你去过贵州茅台镇，喝了自己存储多年的茅台酒……你还去了台湾的日月潭，住进了台湾农庄……这一切都是沃晒带给你的生活模式的情景切换。

移动互联网是一场平民生活秀。不是住豪华五星宾馆，而是农家；不是豪华大餐，而是特色生活。服务提供者是你的朋友，当然你也是下次的服务提供商。交互切换，服务置换，最有特色的资源深层配置。

沃晒，因生活而生，为秀生活而来。

十三　全球鹰眼

观点导读

自下而上，子公司运营，全球鹰眼发现令人尖叫的产品和服务，是沃晒人的制度自信，模式自信。

对于我们的眼睛来说，重要的不是美，而是发现。移动互联的 OTO 模

式，其核心思想就是线上形成云数据，线下实体店形成消费交付。由于支付功能是在移动端完成的，所以叫做移动互联网 OTO 模式。

沃晒模式不是一般的移动互联 OTO，不是把所有商品和服务都放在沃晒商城的 APP 上，而是按照消费者习惯和商品服务的特殊性做了认真的区分。

（1）适合全球消费和物流条件的商品和服务，放在总部沃晒商城的 APP 上。当然进来的商品经过了层层把关。由于手机屏幕太小的限制，所以有竞争关系的后来者不得进入。

（2）适合区域消费的产品和服务，重点是服务业，进入沃晒子公司 APP 商城。统一的模式下开发的子公司越多，越会增加子公司交易额。很简单的道理：处于移动状态的用户出差，会乐意选择他已经习惯了的消费模式。

（3）移动互联的运营精髓是一个"快"字。尽管沃晒到今天都没有呈现她的 APP，但是一旦她出现，复制速度无人能及，因为沃晒人自下而上憋足了劲儿，等待这一刻。

自下而上，子公司运营，全球鹰眼发现令人尖叫的产品和服务，是沃晒人的制度自信，模式自信。

十四　敢于试错

观点导读

敢于快速试错，已经成为互联网精神的一部分。敢于试错是以效率为前提的解决问题的现实选择，快速调整试错效果是优化产品的必经之路。

敢于快速试错，已经成为互联网精神的一部分。敢于试错是以效率为前提的解决问题的现实选择，快速调整试错效果是优化产品的必经之路。那些遇到一点错误就一蹶不振的人，是没有互联网精神的人；那些看到困难重重就选择退缩的人，是被互联网边缘化的人；那些被所谓的专家吓唬死的人，是连试错的勇气都没有的人。

拥有互联网精神的人都是勇士。真的勇士敢于直面困难并迎难而上。真的勇士敢于承认错误而快速调整。在互联网领域，试错是一种微创新。在移动互联网领域，试错可能是一种常态。这是因为，在互联网领域你可以看到未来三年甚至更远，但在移动互联网领域，你最多看见未来三个月。因为参与移动互联的几大通讯运营商、政府机构、金融系统、腾讯公司每天都在调整，或者说都在摸索着前进。如打车软件被叫停就是政府机构参与的结果。

所以沃晒发生一个奇怪的现象，每次开特使月度会议只部署下月工作，从来没有全年计划甚至季度计划。只要不参加其中一次会议，你可能就掉队。有投资者曾怯怯地问我，沃晒有没有商业计划书？我茫然以对。是啊，移动互联网是个充满太多未知和挑战的新业态，不管是先行多远的团队，最多能看清楚两个月之内的情形。但没有人否认移动互联网将一统江山这一基本预测。在前进的道路上，试错是唯一的方法。只不过，沃晒在试错过程中始终把试错成本控制在最低范围内。不玩烧钱的游戏是沃晒试错的前提。

没有完美的产品，只有不停的优化；没有完美的个人，只有敢于试错并不断调整的团队；没有完美的模式，只有试错的勇气和认错后不气馁的毅力。

十五　模糊的智慧

观点导读

沃晒一直在模糊。有一天，你发现：谦卑是一种模糊智慧。

我们一起讨论一个严肃的话题，就是：有没有一种自由，能让我免于言语的表达？有没有一种安全，叫做内心的空无？

在这个世界上，你知道得越多，内心愈发不安。所有的恐惧、焦虑、猜忌、纠结都与时间有关，对未知世界的陌生感会产生下行情绪。已知世界让人产生安全感。这是时间轴在起作用。随着时间渐行，所有未知成已知，人们才会情绪上行。看来，所有人都想对未知世界要一个答案，以免除内心的恐惧与不安。

给，还是不给，是个问题。

检索所有的互联网成功创业者后，你会发现，创业的路上，模糊是个智慧。腾讯微信在 2011 年面世时丑得不堪入目，以至于中移动、中联通都没注意这个改变中国通讯产业方向的力量。随着微信的产品优化和 6 亿用户的聚集，中移动、中联通已悄然失去制定通讯战略的权利，只能与狼共舞，狼让怎么跳就得怎么跳。腾讯是模糊战略的实践高手。

在谷歌创始阶段，两位创始人请来了 CEO 施密特。当时微软正处强劲势头，一如今天的阿里马云，谁敢挑战微软，微软拿钱砸死他。施密特制定的第一个战略就是"不要把谷歌描述成一家技术公司，以免引起微软注意"。模糊战略就是不要去鲁莽地冒犯比自己强大得多的对手，尽可能长时间远离巨人的视线。

沃晒一直在模糊。从不参加互联网大会，好像我们根本就不存在；从不高调行动，好像一群衣衫褴褛的队伍；从来展示的都是自己的短板，组织个会议都没个正经儿。任由别人批评，还到处认错。

终有一天，你发现：谦卑是一种模糊智慧。

十六　自由协作

观点导读

自由是为了协作，没有协作就没有规模。沃晒与众不同之处在于商业信仰的建立，这份艰辛，这份疯癫，这份万众一心，才是沃晒人真正的协作中心。

最近一个热词叫"互联网思维"。我认为互联网思维已落伍。沃晒的观点是基于移动互联网思维。两者之间有什么差别呢？我们拿市场组织系统做个比较。

实体经济普遍采用的是 100% 投资的分公司或门店模式，如国美、苏宁、沃尔玛。这是一种完全中央集权的投资拉动市场模式，优点突出，缺点明显。互联网公司注重人才、智力、资本作用，所以普遍采用总部控股人才参股的 51% 模式。这是一种中心集权业务拉动的控股子公司模式。这种模式对比实体经济并没有实质性变革，最多是一种人力资源课程进修后的落地。

　　沃晒子公司模式是一场挑战，是总部参股不超过 40% 的模式，彻底实现去中心化，把决策交给子公司，让自由协作精神有法理可依。尽管这种模式没有人尝试过，而且不符合所有上市公司建模基准，但却顺了移动互联网根植于民间的基本精神，顺了企业家创新精神中最可贵的自由发挥的大势。这也是沃晒对自己模式自信的原因。

　　自由是为了协作，没有协作就没有规模。沃晒与众不同之处在于商业信仰的建立，在于建立这种信仰时参与者历尽的磨难。这份艰辛，这份疯癫，这份万众一心，才是沃晒人真正的控制性中心。一旦中心需要，所有人愿意放弃。你给了我自由，我给你协作。

　　沃晒的自信在于公开演讲自己的模式并欢迎复制，在尚未出生时就敢讲出来。这才是移动互联网的精彩。

十七　自律

观点导读

　　企业管理学核心解决的是关于自由与纪律的话题。出于效率的考量，多数人倾向于选择有限自由礼让严肃纪律。

　　企业管理学核心解决的是关于自由与纪律的话题。出于效率的考量，多数人倾向于选择有限自由礼让严肃纪律。这不是互联网思维带给我们的礼物，沃晒有着不同的理解。

　　心智健全的人不需要纪律。只有心里不平衡的人才需要约束。正如健康的人不知道自己有多强壮，只有虚弱的人才知道自己的虚弱。

为何需要纪律？那是因为有太多的诱惑需要面对。为了抵制这种寻求欢愉的欲望，人们才设置了很多障碍。任何形式对阻止的反抗都是思想暴力，我们的人生就是建立在这样的阻止上。像一个大坝既阻止了洪水，也阻挡了洄游的鱼群，大坝为了人类的自由而牺牲动物的家园。然后，这些阻止汇总起来叫"纪律"。

须承认，人必须有秩序，但未必一定通过纪律获得秩序。纪律、训练衍生出来的秩序，就是爱的死亡。除了金钱物质，人必须懂得规矩和体贴，但如这种体贴并非情愿，体贴会变得表面化。在无条件服从中，是找不到秩序的。

沃晒支持"中国梦"，就是因为相信梦想的力量可以激发群体性正能量的创造。移动互联时代不存在数学意义上的绝对秩序，却存于每个人内心深处的爱与自由共同维护的相对秩序。这份秩序支撑每个人在信仰面前保有自律。诚如此，沃晒梦乃中国梦有力的一部分。

十八　快速反应

观点导读

不是被竞争对手所逼迫，而是被一种无形的手推着你前进。想跑得慢点都不行。这只手叫"移动互联网"。移动互联最根本的特性就是快。练就一身快速反应能力，是对自己的厚爱，特别是在这个移动互联网刚刚开启的时代……

我们从未有过这样的挑战：不是被竞争对手所逼迫，而是被一种无形的手推着你前进。想跑得慢点都不行。这只手叫"移动互联网"。

当大卫李嘉图和亚当·斯密发现"看不见的手"的时候，那只手叫"市场"。今天无数只看不见的手伸展至经济以外的社会各层面，我们的一切行为被移动互联包裹着喘不过气来。互联网碰撞了移动通讯，不亚于火星撞击地球的震撼。原理之一就是移动特有的"快捷"功能，被互联网 N 次方放大。各大领域的蘑菇云快速形成中……

这一次你无法脱身。在互联网时代，你可以拿实体店的消费体验来抗衡网络进攻，也的确有成功者，但是假如所有的消费者都是来自移动互联世界，你拿什么抗衡？移动互联的与商业有关的最根本性改变是改变用户的联系人，改变用户的交流方式，况且这种改变不可逆转。这就会让不进入移动互联网的产品变成哑巴产品。要知道产品和消费者之间唯一的一座桥梁叫"交流沟通"。这座桥正在被移动互联占据。

这并非耸人听闻，这是不可逆转的事实。我并非要求所有的企业去办个移动互联网公司。我要你们必须拥有成功企业家最可贵的品质，对新事物的最敏感的触觉，才导致你不敢懈怠。不投入热情积极参与，或者抱着看笑话的心态，最终会被人笑话。移动互联最根本的特性就是快。

练就一身快速反应能力，是对自己的厚爱，特别是在这个移动互联网刚刚开启的时代……

十九　野蛮成长

观点导读

移动互联的成长更加野蛮。它是种草的原理。一开始野草丛生，无人护理却野蛮生长。不管你愿不愿意，它就长在那里；不管你注不注意，它继续前行。这就是草的精神。移动互联网就是一根草。

知道移动互联网的成长方式吗？为什么我们所有人都感觉到了移动互联急促的脚步？为什么我们所有人都感觉到集体压迫感，在移动互联网尚未形成之时？

这是由移动互联网成长特点决定的。我把实体店的成长比作一棵大树，植树造林是个漫长的过程……还有森林火灾之险。所以在实体店时代，你会变得不紧不慢。

互联网的成长是盆栽鲜花的原理。那么多资本推动下，森林被伐，树木被移，满山遍野的花朵争奇斗艳。再加上无数个小蜜蜂的花粉传播，野花开满地。森林是被花痴们砍倒的，原因是种树太慢。种花儿快。

移动互联的成长比前两者更加野蛮。它是种草的原理。一开始野草丛生，无人护理却野蛮生长。各位种过庄稼吗？种地前先除草。也不知从哪里来的草籽儿，更无人护理，总是一夜之间满山遍野自我救赎。还不怕火，"野火烧不尽，春风吹又生"是古人的无奈，更是现今的事实。

不管你愿不愿意，她就长在那里；不管你注不注意，她继续前行。这就是草的精神。移动互联网就是一根草。

二十　飞行模式

观点导读

移动互联，让人类集体进入飞行模式。移动互联网时代来了。这是一场技术变革，还是人类的一次生产生活方式的变化？人类正在学习一种新的生活模式——飞行模式。

"现在，飞机准备起飞，请大家把手机调到飞行模式……"还记得飞机起飞前空姐的提醒吗？没想到，移动互联，让人类集体进入飞行模式。这是一场技术变革，还是人类的一次生产生活方式的变化？这是人类开始向宇宙大迁徙的前奏曲吗？

以质变而论，人类已经历三次大变革：

第一次变革历经数千年，为了提高生存效率，人类发明了奴役动物的办法——"牛车"。为了延伸人类的双眼双腿，人类又修筑了互联互通的道路，从而让马车通过。这次变革，使动物界集体失声，顿悟人类的智慧从此千年服从。

第二次变革仅用了 200 年，人类发明了蒸汽机从而发明了汽车。随着高速公路的联网，加油站出现了。最开心的是动物，它们变成了宠物，不再被奴役。

第三次变革只用了四十年，人类从打仗用的枪支中发现弹药的力量，于是，子弹头高铁出现了。从此动物看不懂人类想干什么……

第一次变革使人类学会了贸易，丝绸之路出现了；第二次变革人类掌握了制造和渠道，通用公司和沃尔玛出现了；第三次变革人类学会了地上铺设铜缆，互联网出现了；第四次变革人类在找翅膀，移动互联网出现了。

其实，人类想回到动物界——尝试去飞！移动互联网时代来了，人类正在学习一种新的生活模式——飞行模式。动物笑了，原来你们人类又回来了……

二十一　信则有

观点导读

信仰是心灵的产物，不是宗教或政党的产物，宗教或政党只起了催化剂的作用。没有宗教和政党，人同样可以拥有信仰。少一点贪心多一份信任、善良和内心的平和。

"长江在此拐了一个大弯"是湖北宜昌石碑的显著地理标签，也是当年抗战时期日军西进止步的地方，是见证中国式敦刻尔克大撤退的地方。之所以说它罕见，是因为欧洲战场上的敦刻尔克的大撤退是依靠一个国家

的力量，而当年抗战时期宜昌大撤退依靠一个叫做卢作孚的民族企业家和他的民生船运公司完成的长江下游战略物资的转运。

由于不计成本地完成这次国家任务，失血过多的民生公司在抗战胜利后由强变弱，但民生公司的壮举是当年抗战的重要转折点。是什么样的一种力量让一个企业家放弃赚钱这个最基本的企业使命，不顾企业命运只问国家安危？是信仰！是一个民族企业家所遵循的更高境界的商业逻辑：一个人心灵账户的储蓄额大于银行账户的余额；一个公司在历史价值上的储值超越它对当时社会 GDP 的贡献。

今天的社会还能诞生一家如此伟大的公司吗？我们处于一个应该略做停顿进行深层思考的时代：是 GDP 重要还是社会义务重要？是利润重要还是信用重要？是快速发展重要还是停下脚步响应大自然的生态和声重要？赚钱多少是评价一个人是否成功的唯一标准吗？财富只躺在银行里，而不能植入每个人的心里吗？

这是一个很贪心的时代，这是一个需要大转弯的时代。少一点贪心，多一份信任、善良和内心的平和，让我们这代人助推中国梦以便让下一代分享梦想与信仰的价值。

在马云成为中国科技界新首富之时，在今天的报纸杂志上充斥宣富、捧富和炫富的时候，我弱弱地问一声：未来还能诞生像当年民生船运那样伟大的公司吗？还能诞生更多的首善、首义而非首富吗？

二十二　全网思维

观点导读

移动互联网是人类所有思维方式的终极融合。没有过失败阅历者读不懂移动互联网的精髓。

顾客

移动互联网是人类所有思维方式的终极融合。这个观点被越来越多的业内人士认可。这也不难理解，为什么移动互联网喊了这么多年却不见一家巨人级企业诞生，原因很简单，诞生她需要的条件太多了。用一句时尚广告词：不是所有的互联网都叫移动互联网。

接口是互联网的关键。即便是金融支付、精确定位、街景录入、物联网络、智能云端等等这些基础都已生成，也不是随便一个人都能做成移动互联网公司的。成就这份时尚，需要如下思维：

①第三方策略思维；

②低成本运营思维；

③全网全景营销思维；

④不树敌柔性思维；

⑤拿起放下轻快思维；

⑥慢就是快的逻辑思维；

⑦批发思想的培训人思维；

⑧参与性组织的路线思维；

⑨小草精神的人梯管理思维；

⑩永不满意的极致思维。

更重要的是，这群人一定要有人生重大失败的历史经历。没有过失败阅历者读不懂移动互联网的精髓。因为，它需要一个人的多种人生体验的阅历叠加，再加上独特的想象力，方可触摸到移动互联多维的空间感。

二十三　放手

观点导读

我们每个人都是两个人，一个是真实世界的人，一个是理想世界的人。移动互联需要的不仅是开放，更需要放开。

过去我们探讨了什么叫互联网精神。今天请大家一起研究：什么是网络意识，移动互联需要什么样的网络意识？

当我们作为一个网民围观一个社会事件时，如果发生冲突的双方一方是穷人，一方是富人，请问你帮谁？多数人会选择帮穷人。紧接着再问你一个问题，你是希望自己变成穷人还是富人？多数人会选择变富人。

原来，我们每个人都是两个人，一个是真实世界的人，一个是理想世界的人。这个道理就解释了为什么很多老板转型做移动互联网没有成功的内在原因。作为一个领导者，在理想世界——互联网上寻觅平等宽容，在现实世界——互联网公司里一味玩专制。

每一个独裁者都会为自己的专制找到 N 个冠冕堂皇的理由，而且往往拿所谓的道德制高点说事。这是最可怕的领导人，用现实摧毁理想浇灭星星之火时还把对方推到道德的对立面。今天的移动互联世界，多是缺失互联网意识的人处于领导岗位上。这是常态。

忽然想到解放战争。当时解放军打过长江面对国民党士兵时打出一个条幅"你们家里都分了地啦"。国民党没法打了——我家都分了地了，还打什么？共产党不是军势优势，而是土地政策优势。那时的成功叫"解放"。

移动互联需要的不仅是开放，更需要放开。

二十四　越界

观点导读

企业不仅仅要在本行业中完成垂直创新，还要做到横向的跨行业创新，谓之越界。越界，是把看似不关联的事物用近乎疯狂的设想让其产生关联。看似不着边际的跨界思想有其存在并发展的合理性。理由有一个就够——用户需要。

今天的创新任务很重。企业不仅仅要在本行业中完成垂直创新，还要做到横向的跨行业创新，谓之越界。

1998 年是数码世界越界创新的元年。谷歌跨过数据之间的壁垒提供高效的搜索解决方案。著名的巨企 IBM 在干什么呢？如果 IBM 出手进行跨界数据整合，哪里会诞生谷歌？苹果从电脑到智能手机跨界时，诺基亚在干什么？消费者用钞票去投票，奖励跨界之举。

2014 年是数字世界跨界创新的元年。从此开始的未来十年，中国乃至世界必将诞生属于这个时代的巨人企业。请看，腾讯在微创新出基于移动通讯的微信工具时，中国移动、中国联通在干什么呢？真想不通这些有钱有网络的老巨人企业为什么不敢跨界思考？

"人类失去联想，世界将会怎样？"还记得 20 年前的广告吗？如今的移动互联网时代，联想在干什么呢？当年的巨人，未来的失去者。

越界，是把看似不关联的事物用近乎疯狂的设想让其产生关联。看似不着边际的跨界思想有其存在并发展的合理性。理由有一个就够——用户需要。

今天，你越界了吗？

二十五　本体

观点导读

传统营销学的产品卖点即将落伍，品牌定位、品牌诉求点也将失去商业价值。移动互联网时代，流行的是消费者"自定义消费模式"。移动互联给消费者个性显现的自定义提供了无限遐想。

为什么说移动互联网是一次真正的"全民网络盛宴"？这是由于消费主体的革命性转移造成的。

手机商业革命的本质是消费者的"5W1H"（who，人物；when，时间；where，地点；what，事件；why，原因；how，方式）全部过渡到以消费者为中心。也就是说，从以前的提供方生产者制造市场需求，变成以消费者自主任务为中心的产业格局。产地与消费者的直联模式，加上"无论何时何地均可交易"的移动应用，使这场商业革命来得相当彻底无比震撼。

传统营销学的产品卖点即将落伍，品牌定位、品牌诉求点也将失去商业价值。移动互联网时代，流行的是消费者"自定义消费模式"。移动互联给消费者个性显现的自定义提供了无限遐想。比如在未来的沃晒商城，消费者可以根据自己的习惯差异，从海量的令人尖叫的产品群中挑选出常用产品和服务，从而自定义消费，再也不用跟着商家的吆喝声走。

跟着自己走，让商家去说吧。沃晒打造的就是这样一群最能自定义模式的生活方式的革命。不是淘宝的买卖关系，不是唯品会的价格纽带，而是"我的生活我做主"。这才是消费革命的本质——从消费主体到若干个个体。

移动互联绑定的不是一部手机，而是一种全新的生活方式。让我们开门迎接沃晒模式吧。

二十六　进化论

观点导读

移动互联靠跨界技术不断融入进化成连我们自己都不敢想象的"神器"。移动互联的进化是跳跃性想象力的全兼容。没有什么不可能——沃晒人的信仰。

　　手机革命不仅仅是国内企业的盛宴，未来会在世界范围内不断扩大和深化。随着技术的跨界融合，全世界 60 亿人通过手机端移动网络彼此互联。

　　我们目前面临着个人之间的全球化交流和公司贸易的主要障碍是语言。但是进入 LET 时代，自动翻译系统的载入移动互联使这一切变简单。移动互联靠跨界技术不断融入进化成连我们自己都不敢想象的"神器"。

　　我描述几个场景给你看。澳大利亚的渔民把刚刚捕获的大龙虾的照片上传到 WOOTRUE 移动网上，广州的消费者用手机购买，第二天大龙虾便上了广州人的餐桌。

　　病例电子化和基因技术加入移动互联大合唱后，"处处是医院，随时可诊断"的愿望得以实现。再也不用只为了一个普通的感冒去医院排队。有孩子的人都有深夜在儿童医院挂号的经历吧。移动互联是以效率为中心的进化过程。

　　护理领域也发生变化。空巢老人今天是个难题。未来通过安装平板终端以及摄像头使得儿女如同时刻在身边。WOOTRUE 设有空巢老人用品及服务专区，让老人"有尊严地活着"。也许有一天学生都不用去学校上课，利用空闲时间周游世界，学到的东西更生动活泼。

　　移动互联的进化是跳跃性想象力的全兼容。没有什么不可能——沃晒人的信仰。

二十七 不做霸主做盟主

观点导读

什么事情都自己做。随着乔布斯重新执掌苹果，苹果就完全采用了不做盟主做霸主的新思路。沃晒的思想是不吃独食，放弃霸主，去做盟主。

传统市场的竞争往往是企业内部的单打独斗。比如在计算机领域，往往是芯片与芯片厂家之间的竞争，如说英特尔、微超他们之间的竞争。而手机终端竞争主要是摩托罗拉、爱立信、索尼、苹果等。他们之间有行业壁垒。

企业发生这样的竞争不仅效率低下，而且浪费资源，于是开始根据产业链的占有进行强强联合，形成不同的阵营。在计算机时代，最大的强强联合的领先者就是操作系统的微软、和基于芯片功能建立的 winter 联盟、同时捆绑了硬件的老大 IBM。这三家的联盟就把当年乔布斯做的苹果计算机和苹果集团打败了，所以后来的苹果电脑在乔布斯复出的时候一定总结了教训。这个教训就是说什么事情都是自己做，就是当年苹果的做法。现在看来这不是互联网的思路。

其实当年索尼是最有可能创造出苹果模式的，它具有视频、音乐、手机终端、影视等内容，但是它没有将其协同捆绑进行创新营销。而苹果公司做到了这一点，所以苹果公司成功靠的并不是独创的技术，也不是霸主式的垄断地位，而是对跨行业的资源的整合，也就是说放弃霸主而做盟主。

今天的沃晒也是这样，最终要整合的是软件、硬件、内容提供商、开发商，还要去整合上下游，包括子公司这样的合作公司。用这种优势互补、实力对等、1+1>2 的三个游戏规则去创造沃晒模式。所以说沃晒的思想是不吃独食，放弃霸主，做盟主。

二十八　微创智造

观点导读

微创就是微创新，智造是智力加创造。商业模式的创新是盈利的根本，而创新源于微创与智造。

微创就是微创新，智造是智力加创造。在当今中国中小企业普遍面临上天做电商无门入地做实体店无路的时候，我们怎样去进行完全的更新？我觉得最能带来价值的就是微创智造，即不依赖技术而是依靠商业模式去创新。智造就是需要企业去重视无形资产和智力资本，这才是移动互联网所应该具备的基因。

比如说乔布斯曾经创造了全世界最棒的个人电脑——苹果。它只有十二磅重，并且精装，非常漂亮。但是只有五年，就被 IBM 打败了。为什么？因为苹果电脑关心的是个人的技术和更酷的时尚。当时他认为更好的技术和产品可以取得成功。后来当乔布斯重回苹果的时候，他完全改变了过去的做法。比如说今天你觉得为什么 iphone 手机可以替代诺基亚，大多数人回答是：哇！它是更时尚、更酷的手机。

虽然大家看到的苹果依然是外观时尚和功能强大，但其实它遵循了这样一个颠覆性理念。苹果在开发新产品时不去做市场调查，是因为它不追随和满足现有的消费理念，而是去创造一种需求。实际上，无数成功的互联网企业告诉我们，在这个时代，必须通过手机与传统产业的融合才能进行微创新。这是取得成功的不二法宝。第二个启发是仅有技术和产品的创新远远不够，只有商业模式的颠覆性变革才有可能成为投入少赚钱最多的龙头"轻公司"。如苹果公司在产业链上获得百分之五十的利润。

我们看看，mp3 在苹果之前就有了，ipad 也并不是苹果公司独创的，苹果公司只是在 mp3 以及 ipad、智能手机上进行了微创新。最重要的是微创新过后再利用轻公司、轻资产的模式生产，就连显示屏都是采购三星的，只保留自己的研发和品牌。

商业模式的创新是盈利的根本，而创新源于微创与智造。

二十九　手机新定义

观点导读

在不同时代，手机给予的定义不断被更新，创造的价值也在不断升高。

手机是什么？这是个看似简单的问题，如果回答错误，可能会断送一个公司的前程。让我从一个故事讲起。我们都知道手机是美国电话电报公司发明的，此公司的贝尔实验室是手机技术的先驱。当移动电话技术取得决定性突破的时候，公司的老板产生了疑问：我们投入这么多钱发明的手机，究竟能不能赚钱呢？究竟有多少人用手机呢？

他们请了一家著名咨询公司去做调查，历经六个月的答案是：绝对不要投资手机，调查结果显示 20 年后手机使用量不会超过 2000 万部。美国第一部电话是家用电话，第二部电话是办公电话，第三部电话是街上随处可见的电话亭，手机只是第四部电话。这一判断让美国电报电话公司失去了大哥大时代赚钱的机会。

手机是什么？摩托罗拉却有不同的答案。摩托罗拉工程师马丁 1973 年 4 月研发出人类第一部移动电话后，在纽约大街上拨打电话给贝尔实验室。贝尔依然不重视。摩托罗拉认为，手机是人类最后的电话。只要每人都有一部手机电话，家里的电话、公司的电话都无须再使用。因为有这样的一个回答，诞生了世界上伟大的摩托罗拉。

手机是什么，答错一次毁掉一个企业；答对一次成就一个巨无霸企业。就像马化腾把一个小小的 QQ 软件搬到电脑上变成社交工具，如今又把微信搬到手机上。

随着语音业务的 IP 化，中国移动和联通也被迫回答手机是什么。如果回答不好这个问题，他们的主营收入将失去来源。未来打败移动的不是他的对手，而是他自己。

再问你一遍——手机是什么？

三十　从 01 到 NO.1

观点导读

互联网就是 0 和 1 所构成的数字世界。要从 01 变成 NO.1，就看你的领悟与操控条件了！

我们都知道，互联网就是 0 和 1 所构成的数字世界。那么谁将会在这个 01 的数字世界成为下一个世界的首富——NO. 1 呢？

我可以预言，它一定符合如下八个条件：

第一，它一定是在代表大方向是朝阳产业背景下。这个朝阳产业的关键词是移动互联。

第二，它一定不仅是依靠产品和技术，而且是依托于商业模式的创新去重新定义一个传统行业。

第三，它一定是个跨行业的平台扩张者，一定是利用手机和传统行业的黄金融合机会来获得空前成功。

第四，它的成功一定是利用信息库为核心资产的轻公司来运营，进而调动线下无数以物质资产为核心的重公司。借力打力，用四两拨千斤的巧实力来获得产业重构的成功。

第五，它的突破一定是选取了在移动信息化过程中对某一个核心矛盾的解决方案上。

第六，它所需成为世界首富的时间可能不到十年。

第七，必须改变封闭的小农思想和创业环境，否则这个人不可能诞生在中国大陆。

第八，他必须有巨大的胸怀去兼容世界，比产品和技术更高的是胸怀，比胸怀更高的境界是心态。

三十一　先觉先行

观点导读

科技是为人类服务的，科技不是为了摧毁人的七情六欲。所以在今天的手机移动互联网的技术还并没有完全成熟的时候，许多人选择的是等待观望。等待可能会让你丧失这种先知先觉先行的良机！先知就是首先要知道，当你知道这是一场史无前例的伟大机会时，你就要先觉，觉醒自己的互联网精神和意识，然后去先行。

中国人创造词汇都有哲学思辨的味道。危机这个词语的意思就是危险当中承载新的机遇。我们提到手机对传统行业的冲击并不是说要消灭传统行业，而是说传统行业要把服务业务等通过移动信息化技术找到新商业模式。

科技是为人类服务的，科技不是为了摧毁人的七情六欲。所以在今天的手机移动互联网的技术还没有完全成熟的时候，许多人选择的是等待观望。等待可能会让你丧失这种先知先觉先行的良机！先知就是首先要知道，当你知道这是一场史无前例的伟大机会时，你就要先觉，觉醒自己的互联网精神和意识，然后去先行。先行也就是说你一定要成为一个先行者。应当承认，率先实践，应当是在一个新兴行业尚未成熟的时候展开。

当移动互联网的技术都已经非常成熟的时候，你只能成为后知后觉后行者。财富从来奖励的是先知先觉者。所有伟大的企业家都具备这种试错精神，并且在不断的试错中去优化自己的模式和产品。只有实践才是最伟大的导师，也只有实践才能够真正锤炼一个企业，使之变得更加成熟。

鹰是世界上最长寿的鸟，它可以活七十岁，但它必须在四十岁时做一个重要而困难的决定。它有两个选择：要不等死；要不就经过一个十分痛苦的过程——一百八十天的蜕变：它要飞到山顶筑巢，用喙打击岩石让嘴脱落，然后才能长出新的嘴巴，把老化的羽毛拔掉，鲜血滴滴洒落，这样鹰才可以长出新羽毛重新飞翔。这就叫老鹰涅槃。

沃晒使用的标志是猫头鹰，它蕴含了新时代的一种企业精神，叫蜕变。别人的危险就是你的机会，不要因为别人夸大了你的危险而使你丧失机会。学会先知先觉先行。

三十二　信产

观点导读

手机最终带来的是思想与人性的终极解放。移动互联网的伟大就在于它推动的不仅仅是一个技术创新，它更推崇的是一种人性解放。科技以人为本，人性化是人类对待科学技术进步的态度的考问。任何先进的技术工具一定是服务于人类的幸福。

手机最终带来的是思想与人性的终极解放。移动互联网的伟大就在于它推动的不仅仅是一个技术创新，它更推崇的是一种人性解放。科技以人为本，人性化是人类对待科学技术进步的态度的考问。任何先进的技术工具一定服务于人类的幸福。审视一项技术的最高法则是其是否人性化。不满足人性的需求，它就是邪恶的。手机就是人性善与恶同时自由解放的终极按钮。

当然，今天我们也看到手机也带来了很多问题。比如说手机由于屏幕小带来的视觉疲劳问题。过多的手机关注，可能会使家人和亲情产生距离，也会让很多人沉湎于游戏。但是，因为有了汽车，每年死掉几十万人，却从来没有人呼吁废掉汽车，重新再去坐马车。所以归根到底，移动互联网信息化一定代表最先进的生产力和未来方向，这个过程不可避免地会带来相应的危害。

不要因为这种危害而停止发展。未来会有更多的技术配套升级来使得手机趋利避害。人类最终的命运不取决于技术的力量，虽然受到技术力量的影响。但进步的力量才是承受技术发展的源泉与根本。

试想，当人类只有一个上帝的时候，欧洲经历了中世纪的黑暗；当尼采说上帝已死，我们迎来了思想与人性的大解放。今天，当手机说：每一个个体都是上帝的时候，世界将会怎样？

1815 年，英军和法国拿破仑在滑铁卢决战，胜败不仅关系到欧洲大陆的命运，也关系到一个叫罗斯柴尔德的商人的前途——他在炒作英国公债。如果拿破仑胜了，英国公债便被废止。英军胜了，英国公债必暴涨。罗斯柴尔德建立了最优秀的情报系统。他一边抛售英国公债，一边说拿破仑胜利了。结果人们冲向交易所，疯狂抛售英国公债。他狂赚了数十亿。这就是在今天依然是传奇的罗斯柴尔德财团。

所以，信息是比土地、矿产资源是更加宝贵的资源，谓之信产。信息不仅可以编码，可解析，可分享，可传递，可存储，可运用，信息具有真实性、及时性、针对性、开发性，它比有限的物质资料还要更丰饶。更重要的是它能驱动物质资源。

今天信息大数据资源已经超越了土地、能源、矿产，成为人类最为核心的生存和发展的战略资源。所以在信息化大时代，如果能赶上移动互联网市场，就是进入了一种信商时代！所以在物质和信息之间，一旦构建起一种运动模式，就是一种能量。能量等于物质加信息加运动。企业未来的财富取决于企业的能量，而能量取决于用信息去调动物资的能力。所以我说信息是比土地和石油更宝贵的资产。

所幸，沃晒发现了信产。

三十三　I-Time

观点导读

移动互联网时代消费者由群体性行为演变成个体化。这就促使企业在产品定位、市场营销以及企业管理等深层理念方面发生颠覆性的改变。

佛教认为：众生皆可佛。欧洲文艺复兴提倡：人是万物之灵，平等与个性解放。市场营销的观点是：客户是上帝。那么救世主说：上帝只有一个，人类尚处于蒙昧之中。尼采说：上帝死了，每个人都以为自己是上帝。当移动互联网到来的时候，人们才发现：人人是上帝已成现实。

移动互联网时代消费者由群体性行为演变成个体化。这就促使企业在产品定位、市场营销以及企业管理等深层理念方面发生颠覆性的改变。正如互联网的编码是由有 0 和 1 来构成的，我们今天的服务对象已由一群人精确到 1，这与工业化批量生产的标准化服务背道而驰。

所以做惯电商的人不理解信商模式。在企业追求规模、产值和大批量的时候，个体化演进会促进生产方式和管理方式产生颠覆性转变。

无人能逃离这场变革。在人人都是上帝的时代，广告寻找形象代言人已毫无益处，因为移动互联网最终会变成粉丝经济。从对偶像的崇拜变成以自我为偶像。移动互联网时代还会以消费者个体为最小的营销单位，这也预示着个人品牌的出现恰逢其时。人们从英雄崇拜转为人人是英雄。这就是移动互联网的本质，因为移动互联基于每个个体手中的手机。传播方式也会发生变化，从过去以推广式的广告行为，逐步转变为消费者自主需要的自媒体传播，更重要的是在传播过程中会加入很多消费者个体的认识。所以每次传播，消费者都把自己的热情、创造力发挥得淋漓尽致，在未来，每一款产品都是消费者创造的，而非工厂。

人人是上帝的时代到来了，你准备好了吗？

三十四　能量公式

观点导读

电商是靠买流量起家的。做电商的没有不买流量的。移动互联网的关键词不是流量，而是能量。

信息是可以用量化单位来计量的，bit（比特）是信息的最小单位。比特数越高，代表图像、声音、色彩清晰度越高。信息的剂量也是按照一千倍计算，最小单位是比特。这是信息社会的计算方法，我们参照信息社会的计算方法来模拟未来十年的财富生成，便发现其实也只有这两种商业模式：全是 0 和 1 的组合。假设我们把 0 当作是用户，把 1 当作需求，未来手机的财富模型只有两种：

一种是01模式。01就是指锁定同一群人，永远只赚他们的钱，尽可能满足这一群客户在生活、工作娱乐学习领域所有的需求。比如制作动画电影、玩具服装等，它永远只为青少年服务，只赚这个钱。它的行业边界不断扩张，但用户从来都是固定用户群。

第二个是10模式，就是只专注于一种需求，但这种需求满足了所有人。比如宝洁公司做洗发水，它开发了众多品牌，但是满足所有人的同一种需求——洗头发。所以01和10模式才是手机在未来最成功的商业模式。而沃晒公司采用的就是第一种模式。沃晒只锁定了同一群用户，并不断满足这一群用户在生活、工作、娱乐、学习等方面的需求。

沃晒用户主要分为三类，第一是经常出差的企业管理人；第二是在一个城市中的老板和企业高管；第三是追求精致生活的城市外来人口。我们不断在城市中寻找令人尖叫的产品和服务，以满足他们。我们不会像电商一样在乎数量和规模，我们在乎的是商户提供的作品质量，并且我们将会用信用会员模式把这些客户集结起来。

试想把300座城市搬到移动互联网上，会是个什么样的能量？

三十五　自造化

观点导读

互联网的自造模式就是让用户创造内容，再让用户自己消费。沃晒模式将在一个自造化时代到来的时候，对人类生活方式重新定义。

　　我曾经预言，沃晒模式是代表一个城市的名片，是一个城市的生活方式。一座城市，一个梦想，这种设想很快就会实现，因为产品自造化时代已经来临。

　　在移动互联网时代，很多应用和内容的生产并不一定是由商家和企业完成的，甚至不一定由政府主宰，今后绝大多数产品将是由群众自发制造而成，在群众自发的互动中、碰撞中创作出真正有创意的产品。这真正体现了毛泽东说的：只有群众才是历史的创造者。

　　移动互联网是自下而上的一场全民狂欢，并非由当今的电商巨头来主导。腾讯和阿里作为移动互联网公司，以其当前的财力、物力、人力和物流为什么不能迅速在移动互联领域取得成功？移动互联网公司和电商公司有着基因的不同。电商的原理是中心化甚至集权化、集约化、大规模化，而移动互联网公司恰恰是去中心化，分散化和自造化。这两种不同的方向和基因，就是为什么中国还没有诞生一家大型的互联网公司的原因，这也就解释了为什么电商巨头在面对移动互联网这个最后人类的掘金机会的时候，却彷徨无措。他们最多只能把电商的界面手机化，但那不是移动互联网。

　　互联网的自造化模式就是让用户创造内容，又让用户自己消费。沃晒就是一个开放服务的平台，它是来自每个城市的生活方式。沃晒的收入也可能是广告、增值服务。举例来说，哈尔滨和三亚两个城市，可以在未来沃晒平台上实现交换与迁徙。哈尔滨的人就能享受三亚冬天的温暖，三亚的居民也可以体验哈尔滨大雪飞舞的场景。他们只需要一张机票，整个城市可以利用沃晒平台来实现交换，交换交通工具和住宿。所以租车这个行业以及宾馆行业也许会消失。旅游将变成城市之间的能量交换。

　　沃晒模式将在一个自造化时代到来的时候，对人类生活方式重新定义。

三十六　无间道

观点导读

我们从信息高速公路进入了一个特殊的通路——无间道，这是一个无处不在的智能网络，未来它将赋予万事万物一个传感网络，随时随地采集周围的数据，调整状态向外界发出需求。这就是泛在化所导致的无间道。

让我们据此理论来重新修订一下O2O模式吧，我们所认识的O2O只是线上线下的结合，我觉得最重要的是在线上线下结合的过程中如何把它社交化，只有用社交化的思维才能彻底形成O2O。所以沃晒模式就是互联网化的O2O，把O2O赋予了社交功能。

由于无间道，所以未来的食品安全应用会在泛在化的应用里得到海量的印证，所有化妆品、食品都将内置芯片，所有假冒伪劣产品将在移动互联网时代完全消失，因为芯片具有食品安全的追溯系统，智能手机将能实现完全的搜索，在购买之前进行搜索。这种无间道，还可以使人在物与物、人与人、物与人的信息交换过程中，得到的不仅是用户评价，而且与用户自造和用户印象相对应。这就彻底改变了电商商品评价系统以及商品采购评价系统。这是社会化网络社交下的社会信用评价系统。芯片植入的物理功能以及社会化信用评价系统会让这个社会变得更安全。

移动互联网是对商业伦理的一次扶正，这场扶正所借助的工具就是泛在化，以及泛在化所导致的无间道。

三十七　圈子能量

观点导读

一个具有相同需求的圈子世界可以宽泛自我的思考境界，通过有共同趋向性的信息交流和归属感来扩展内心的体验，展现自我属性。

人的自我行为是由认识决定的，而这种认识多起源与他人的互动。他人的评价和态度反映了自我的一面，同时也会映照到自我塑造和认识的本能。延伸下来，可以认为，自我认识是社交媒介中进行信息传播的一个起点，这种自我认识随着人际元素的推动而不断更新、衍化，进而也影响了人际传播的进程。

企鹅基于伟大的原始 IM 功能长生不老。但显然，同一旗下的微信 sir 在即时聊天功能上更胜一筹，这不仅仅源于人们喜新厌旧的本性，更是它在基于聊天传播功能上的"自我"进化。微信是个活泛的圈子。在这个无比华丽的圈子里，自我的认知及他人对自我认知的映射是一个强有力的吸引源。每一个以特有含义冠名的微群里都生活着一群多多少少有类似特质的"自我"。而使这一同性物质得以延续的关键点就是自我实现本身。

我们天生的日常交流因为外界环境的限制而带有含糊性，这多多少少牺牲了自我价值的落地，而一个具有相同需求的圈子世界可以宽泛自我的思考境界，通过有共同趋向性的信息交流和归属感，来扩展内心的体验，展现自我属性。如果只停留在模仿真人版聊天的短暂喜悦中，依托于公众账号的情绪种植将只能在虚拟的符号化环境中生存。而注重自我发掘的需求一体化形式则会让你在微信世界里诗意地栖居。如果在日常工作中你的自我本能需要有意规避，那么在抛却物理世界的圈子里，你可以展现本真的自我。而这个角色定位是乐意而为之的。你可以体验流动和多重的自我，进而通过这种平行的自我展现参与人际交流互动，在信号—反馈—信号的自我塑造中成长和发展。

微信成为企业合作伙伴，它的开放性和自由性不言自明。但微信 sir 的红火从心理学角度来说，是对实现自我的一次大解放。尽管微信三番五次地设限制令，但微信的沟通本能促使自我大放光彩。看似是有圈的圈子，实则是无圈之圈，它的开放和包容、它的分享和平等，都将会使每一个独立的个体在这里获得尊严和勇气，进而在自我的世界里诗意地栖居。

三十八　第三世界——情感强连接效应

观点导读

家庭是你的第一世界，那里有爱情；生活圈子是你的第二世界，那里有经常面对面的朋友；移动互联是你的第三世界，那里有虽不常见面但却想见面的熟悉的陌生人。

　　传统的交往关系中，face to face 的交往是主要的互动方式。在互联网时代，人们忽略时空进行即时交谈，并且依然可以面对面交流。时间可以纳入经济学的成本范畴。在时间追踪者的眼里，每一声"滴答"都蕴藏了经济价值。人们对移动互联网的依恋是它的碎片化时间利用，如同零散在地的珠子，一个神奇般的魔术就可以变成一串完好无缺的项链。微信受宠，是因为它的文化特质迎合了我们的社会生活环境，我们可以在地铁上听音乐，在等电梯的间隙发图片，在蹲马桶的时候预订一张优惠电影券，在吃饭的间歇里添加微友……这些碎片化的时间串联起丰富美好的生活，生活因移动而精彩。

　　我们不曾见面，但我知道你用的洗发水牌子；我们是陌生人，但我们无话不说。人人微信的时代，我们的朋友圈仿佛在一夜之间涌现了一批熟悉的陌生人。这些好友的形象以三种面貌存在：第一，"say hi"，"say bye"型，只说了一句"你好"便销声匿迹的好友，也就是传说中的垃圾好友；第二，老死不相往来型，你不言，我不语，你虽然在我的圈子里，但从未走到我的世界里来，这种是僵尸好友，死活都要潜水；第三，"声声不息"型，这种又分不同情况，心灵相吸者有之，广而告之者有之，滔滔不绝者有之……总称熟悉的陌生人。想在这样的陌生人世界里获得长期交往的权限，即建立情感强连接效应，信任是首要基础。如果忘掉这条潜在的交往规则，你就会被自动孤立在这个世界之外。要想和对方建立稳妥的交往关系，你就必须敞开心怀（当然，敞开心怀、马不停蹄的发广告者除外），诚信交往。这就是为什么信商名下的朋友圈倡导真头像、真名字、真交流，这是由微信的游戏规则决定的。就像在足球场上，如果不遵循赛场规则，你球踢得再好又有何用？我发现在微信圈，凡是一点不透露自己信息或只是僵硬广告索取的微友基本上走不到深层交流的地步，往往是在一开始就因缺乏信任而被剔除了。

　　微信空间里并没有明确规定的制度条文去规范控制微信使用者的行为。这种基于信任的好友关系是自动生成的，同时你的开诚布公也是自我身份建构的过程。随着交流的进行会在流动的空间范围内建立起情感的强连接效应。如果有一天，你突然没有亮相，大家会纷纷去关心和询问你的动态。这是陌生基础之上的熟悉反应。

　　在没有制度硬性连接的关系网上，唯有"发乎情，止乎礼"的交流方式才可收获幸福的种子，建立温馨的情感家园。当然了，这种信任必须是有原则和有基础的，对陌生人的开放程度限制在自我安全的底线内。逐渐生成信任机制才会形成亲密的情感强连接效应，建立有效的人际关系网络。而这种依托于网络的情感强连接效应一旦落地开花，层层深入，将使陌生人真正成为线上线下、物质情感的契合者。

家庭是你的第一世界，那里有爱情；生活圈子是你的第二世界，那里有经常面对面的朋友；移动互联是你的第三世界，那里有虽不常见面但却想见面的熟悉的陌生人。

三十九　先到先得——做移动互联先行者

观点导读

早起的鸟儿有虫吃。拒绝开放和迎接改变的传统企业如果迟迟不行动，将会惊讶地发现，饕餮大餐将会被先行者尽数占领，甚至连分一杯羹的机遇也丧失了。

当年，我是一个诗人，沉醉于但丁的神曲之中不能自拔；而今，我是勇闯移动互联网的先行者，固执于互联网之美的浩瀚浪潮中，浮游而上。我不能紧握曾经的金钥匙，故步自封，更不能满足于一把金钥匙的荣耀而拒绝新一扇大门的探险之旅。在我奔走于各个城市，为子公司建成而热忱呼号时，我从不否认，我们的沃晒商城体系、我们的未来建设中，既有障碍，也有风险，并且我不会轻易承诺回报和利益，但我坚定认为，如果不这么做的话，风险将会加倍。早起的鸟儿有虫吃，拒绝开放和迎接改变的传统企业如果迟迟不行动，将会惊讶地发现，饕餮大餐将会被先行者尽数占领，甚至连分一杯羹的机遇也丧失了。

请相信我，这并不是危言耸听！因为几乎没有任何人可以抵挡住时代前进的巨轮，这种潮流如火山爆发，不可抗拒。尽管你现在安然无恙，但潜移默化之中，这些依托于传统的中小企业将会被动地发生天翻地覆的变化。如果你想逃脱这三生劫，就需要趁春色未晓之时，抢占先机，做好勇于承担风险和利用风险的准备。

改变有时很简单，只要你迈出了改变的第一步。你觉得有风险是吗？有风险就对了，因为天底下没有免费的午餐。没有没有风险的收益，否则人人都是乔布斯了。

沃晒商城旨在打造"one city，one dream"，根据每座城市的特质去投资和运作。在技术第一的思维模式中，我们更专注于商业策略，坚持以顾客为中心的经营理念，否定先入为主的系统运营，以顾客的体验来完善数据建设，进而通过和现实世界同步的数据库来衡量差距并有效消除不利。我们不会采用普遍的成熟运作模式，因为行业的发展速度需要同步跟进和更新；我们也不会采用传统僵化的流程来考核结果，客户体验和目标中心是转型的关键。

现在开始吧，构建你的核心团队，寻找志同道合的人。你要相信，每一项伟大事业的建立都要经过怀胎十月的辛劳和孕育喂养的艰难，无数个错误的发现和蹩脚的行为才能够催生出优雅成熟的姿态来。

在我们生活的大数据世界里，我们又要激动且胆战地面对这一变化发展的现实了。有时候，回顾过去，你也发现，很多事情就那么发生了。你猝不及防也好，避而不问也好，它就那么发生了，不留余地。如果现在你有能力和机会走进移动互动网这一爆炸性领域里，为了未来的进步，请为你的公司勇敢迈出第一步吧。

尽管我常说，早起的虫儿被鸟吃，但如果不早起，恐怕都不知道还有鸟的风险存在。所以，无论是鸟儿还是虫儿，早起总是不错的！

四十　时间价值

观点导读

万事开头难。或许比争取第 100 万个用户更难的是争取 第 100 个用户。时间就是金钱，看你如何把握自己手里的金钱！

到达第一个"百万用户"的目标，社交平台 Twitter 用了 24 个月，图片视觉分享网站 Pinterest 用了 20 个月，地理签到 Foursquare 用了 13 个月，社交媒体 Facebook 用了 10 个月，网络文件共享工具 Dropbox 用了 7 个月，移动图片分享 Instagram 用了两个半月，而 Path 2.0 仅用了 2 周就达到了 100 万次的下载量。

那么，你又如何争取第 100 万个用户？

你是否也认为好的产品就一定会吸引用户？是否也相信媒体报道最能吸引用户？Geer 首先质疑了这两点。他提到，好的产品能留住（retain）用户，而非吸引（attract）用户。也就是说，再好的产品若没有机会让人知道，怎么来的吸引？再者，公关和媒体报道能吸引的是受众（audience），而不是用户（users），而这并不是做产品的真正目的。而找到正确的目标用户，然后站在信息流的顶端展开扩散式推广才是可行的方式。

只有在实践中不停止反思、变革，再反思、再变革，靠时间和耐心才能完成一项伟绩。

对于一家初创的互联网公司，如何找到种子用户呢？

万事开头难，Geer 在这个阶段提到了合作伙伴的重要性。找那些与你拥有相同或者相似目标的用户，去和他们合作，争取到他们的一些数据，甚至通过他们的订阅邮件来发布你的产品信息。

当然你会问，凭什么人家要跟你合作？这就是我们反复强调的创业者要有充足的资源（resourceful），以及互利共赢的概念。这些合作伙伴要么来自你的朋友圈，要么为别人提供了一个盈利的模式。

这些用户就像你的种子投资一样，是你依赖长出百万用户的种子。对于创业者来说，用博大的心胸去深度资源配置是迈向成功的关键一步。

在你初创互联网公司时，当你遇到无法摆脱的困境时，提醒你，时间，这个无处不在的左右公司命运的力量，会显现它的威力。很多互联网公司不是死在初创，而是死在路上。所以，互联网公司的最高运营法则是，努力让自己活下来。活着，就有希望。

四十一　集体大魔咒

观点导读

共享合作，协同行动是人类原始的本能。集体是个大魔咒，利用好了，就是智慧锦囊；运用有偏差，就是东邪西毒。

共同的事业，共同的斗争，可以使人们产生忍受一切的力量。

——奥斯特洛夫斯基

多重社会化工具的交替出现使得共享合作成为家常。不同地域、时空下的人和物可以集中在同一时间，以集体方式进行密集合作。电子网络使个体的自我集合形成集体行动，看似分散实则协作性强的非机构性群体就此诞生。这个群体自由吸引，协同组合，非条约性行动。

此前的集体行动多局限于正式组织的范围内，而随着彰显人类天赋和欲望的社会化工具不断更新，社交模式发生了迁移性变化。如同梯度理论，共享的要求仅仅是一个发出的动作指令，简便易行。

合作则是对共享基础上协同行为的进一步要求，它需要同步思想和轨迹，比如群体身份的认定、虚拟形式下话语交流的顺畅性，它比共享性更多出社区和归属感。相比之下，集体行动对群体的做事方式和决定约束力都有明显的规定，尽管这个规定在一些情况下可是可非，但这里仍会产生利益和责任的纠纷，当然这种责任的实偿会使每个人受益。就个体而言，往往损害集体利益可以使个体的激励收获更多。这就是公权悲剧的模式：集体中的每个人都会同意克制对大家有利，但个体受到的刺激、激励经常会阻碍结果成真。

对于违背集体原则的人社会上通常有两种方法去对待。一种是提前规则限制，用一致赞同的公共强制来解决。对一个集体来讲，它需要有共同的愿景捆绑，以实现协同生产。这种管制仍然需要以自愿和自制来打底。也许最好的处理方式是公权私有化，分成若干个部分给个人，各自对各自的成效及结果负责，如果出现过度行为，则完全需要自己承担不良后果。

无论如何，共享合作，协同行动是人类原始的本能。如果说此前它一直受到交易成本的困扰，而在多重性社会化工具交叉流行的现在，群体的形成开始迅速和便利，唯一需要关注的就是它的集体成效。

四十二　注意力经济

观点导读

在移动互联网下，有价值的不再是信息本身，而是注意力应用。

当移动互联在扩张中逐渐融合时，我们有了一个几乎是零门槛的平台去洋溢表达以及创造受众规模。我们知道，当事态发展到人人都有能力去完成某件事时，它的重要性就会被瓦解，因为它失去了唯一和独特。信息泛滥成灾，在移动互联网，有价值的不再是信息本身，而是注意力应用。

内容作为非严格意义上的创作，是用来大众消费的。但很显然，很多内容并不称职。人们经常记录的多是日常琐碎、八卦闲谈。在微信公众账号的内容输送中，能够坚持原创、够有内容、分量十足的并不多，公众里多的是伪创作，个人里多的是灌水帖。在这个平民狂欢的时代，没有英雄，或者是只有一分钟的英雄。十五分钟里可能诞生一个英雄，十五分钟后这个英雄就化为平民。变化太快，防不胜防。我们所说的注意力经济并非眼球经济，仅仅依靠本能的噱头来制造舆论并非长久之策。对比眼下十分惹火的"逻辑思维"和任何一则网络版头条，就会发现其中的质的区别，不是大尺度、隐私曝光等字眼，只能说它是冰山一角的小伎俩，但非策略。真正的策略是此地无声胜有声，是公开面与公众面的双管齐下。

注意力的实现需要一定规模的崛起，没有规模的关注不足以使注意力称奇，而交互性微媒的便利使用可以维持注意力的结构性传播。当然，当注意力爆发到一定的水平，这种交互性将会受到自动限制，因为庞大的受众群体会摧毁整个系统的互动。所以往往在一个富有规模的群体中，交互性存在于少数人中，绝大多数受众可能会在初始阶段引发注意力风暴，之后是睡眠状态，也许不是永久的，如同沉睡中的活火山。朋友圈的点赞行为就是对注意力的一种关注回馈。这种注意力的面积大小取决于多重因素的影响，譬如粉丝量、内容、个人环境。

在信息爆炸的时代，稳定的注意力存在都是经过过滤后的可行体系。尽管每个小群体都保持潜伏性，但注意力的获取一旦保持稳定，注意力经济将会变得轻松和低成本，且注意力本身也可以帮助他们获取彼此及外界更多的注意力。

四十三　开启云传奇

观点导读

云将是一股日益强大的民主化力量，它将更多的数据、计算力送到终端客户的手中，在客户和强大的数据中心交互进行数字文化的传播。

颠覆是互联网界的热门词。面对云的颠覆性创新，企业的态度各有不同：老企业多是本能抵制创新，沿袭熟路，因为创新否定原来的成熟产品，核心客户群就会发生动摇，而当这些创新价值被有的企业利用，并吸走一批固定的客户群时，创新的颠覆性才会开始，但领军位置已被占领，陷入困境的企业不容乐观——这就是云的颠覆性。

有直觉力的企业已经抓住云计算的可能性，试图在云中解决一个项目、组建一个团队。知道如何利用云来盈利的中小企业将会更受青睐。

有了云，设计的传统程序就会被打破。确定好市场，咨询好客户，就可以直接设计系统，整合软件中的模块，以达到最佳规范。能让企业了解潜在客户的兴趣，免费做市场研究。在颠覆性变化中，企业与客户是社区存在的便携方式，除了产品的销售，还有知识、服务和情感的回馈沟通，企业的反馈渠道增多，自然会带动产品的更新和企业的发展。

不管你会采取什么策略，云都将是一股日益强大的民主化力量，它将更多的数据、计算力送到终端客户的手中，在客户和强大的数据中心交互进行数字文化的传播。

利用云可以有针对性地选择合作方，缩短沟通的距离，不仅可以展示给客户感兴趣的专业知识，也可建造交互社区，给客户提供双渠道，满足客户的终极需求。云能否将你的企业带向成功，答案在掌握者的手中。

四十四　智慧城市，物联网络

观点导读

沃晒以咨询公司为背景，是走向电商潮流的智慧打造，为少数人着想，为多数人服务，创造更有吸引力的商业环境，让每座城市的每个人可以体验到智慧服务、健康生活。

物联网创造了新的产业链条，为企业发展和政府管理等方面带来了巨大的发展空间。物联网的智慧包容是以前各种网络所难以达到的。如果人类的触觉、物体可以被感知，我们的生活将是高度信息化和智能化的沟通和互动，智慧性的物界环绕将会带给我们温馨、智慧的生活体验。

物联网在信息化和工业化的交叉中有效融合，承载海量信息的连接和传输，通过技术终端的集成实践达到我们想要的目的。"一个城市，一个梦想"。未来我们执着于智慧城市的构建和信息传播，以更透彻的感知和广泛的互联互通构造智能化愿景。每一座城市都有它独特的智慧基因，用智慧去推进城市发展，用感知去拓展物联优质。

在个人应用领域，手机是整合、集成各项服务的终端力量。移动互联的智能化捆绑和差异化发展，会是每一位用户亲身体验和感知产品的生动模式，是抢占企业发展的蓝海。

在移动互联信息技术的整合下，每座城市都是神采飞扬的人物形象。它不再是冷冰冰的钢筋水泥墙，而是建立在平等与沟通之上的"善解人意"，在诸多物联网的殷切互动中走向智慧世界。沃晒以咨询公司为背景，是走向电商潮流的智慧打造，为少数人着想，为多数人服务。以更有吸引力的商业环境吸引社会，让每座城市的每个人都将可以体验到智慧服务、健康生活。

智慧城市，物联网络，10 年后的生活将会怎样？我们一定不敢想象，10 年后的生活如果是智慧连体无所不及和无所不能，我们的城市将会智慧满天下。

四十五　创新是试错的过程

观点导读

因循守旧只能埋于故纸堆中。打开窗子看世界，需要创新的勇气。创新是一个尝试的过程，有尝试必然有错误，而不断的尝试才能够试出真金。

因循守旧只能埋于故纸堆中。打开窗子看世界，需要创新的勇气。对于一家企业来说，不断创新才能成为市场上的佼佼者。创新是一个尝试的过程，有尝试必然有错误，而不断的尝试才能够试出真金。沃晒是个新生事物，它的尝试性发展是一个循序渐进的过程，在初生的开始必定是稚弱的，一步一步，一步再一步，在试步中完善自己的成长。

尝试就是面对未知去挑战与克服。尝试的过程要有必胜的信心和耐住挫折的坚持。每当我们决心做一件事情时，我们都不可能知道面临的困难将有多大，这就需要强大的信念去克服。试错中创新，必然有失败。失败了可以再尝试其他的实现办法，但在这尝试过程中所获得的经验是一笔宝贵的财富。

每一项创新都是一项技术壁垒，创新程度越高，技术壁垒越大，竞争对手也就越难模仿。为了克服一个系统性的壁垒，我们需要一个不断完善的技术创新体系和实现模式的生态系统。这个系统需要每个能看清大环境的智慧者的支持与付出。

互联网进化到现在，热点总是此起彼伏的。这种持续性的热点是互联网不断通过内生变革来推动自己前进的象征，也是基于原有互联网价值体系的缓慢迁徙。原来的价值洼地可能会变成荒漠，而未开垦的荒漠可能会变成绿洲。对于停止随着价值链的变迁而迁移的企业将会在不断冷落和催逼中走向灭亡。

移动互联钟情于速度与激情，没有速度就会被超越；没有激情就会被抛弃。有人说腾讯没有个性标范，总是喜欢跟着别人的热点跑，但我们发现腾讯的过人之处在于抓住一个热点快速跟进、修改、同步，以用户体验为中心，在不断尝试中模仿，在模仿中稳健创新。

先驱未必光荣，追随未必丢人。如果你是先驱，不注重创新，肯定会被筛掉；如果你是追随者，愈挫愈勇，创新不断，依然可以赶上先驱。

四十六　动态视角——用热情拥抱不确定

观点导读

市场是动态的，态度也是动态的，世间的一切都是动态的。以动态视角看问题，才是可行的判断策略。用动态视角看世界，用热情拥抱不确定，你的生活才可以生动无比。

市场是动态的，态度也是动态的，世间的一切都是动态的。以动态视角看问题，才是可行的判断策略。

经常会有人问我：你不是怎样怎样吗，怎么现在又变成这样了？我无言以对，解释就是掩饰嘛。其实一个人怎么说并不重要，重要的是跟进市场的动态步伐，合理取舍与应变。举个例子，一个传统企业在运势良好的情况下它说自己不会步入电商。而在市场上的电商价值维度日益升温传统企业受到挫击时，它就开始走电商路线，认为电商路是应该的。这与出尔反尔没有关系，或者说，这是极有价值的出尔反尔。与市场的动态需求相比，这种前后反差的变化微不足道。在互联网的市场领域，随时变动是一种常态，也是必需的动态跟踪。

世界是跳跃式发展变化的。你会发现，有些板上钉钉的事情会因为一些出乎常规的变量而使竞争格局突变。在移动互联网时代，我们习以为常的常量因素也会成为新的变量。这种新变量的出现除了会给企业造成持续生存的挑战和变化外，也会出现奇点，促使行业变革，酝酿出奇制胜的爆发局面。

互联网的特性已然深入到传统行业的内部。突变理论适用于世界的一切。曾经钟爱的诺基亚、摩托罗拉倒下了，苹果也可能被变化埋葬。信息化社会从软件到互联网再到移动，它的断点本质愈来愈自然呈现。不可否认的是，恰恰是变量引起的不确定性使小企业在良莠不齐中获得新生。

时间会改变一切。影响度会随着时间的推移而逐渐黯淡。任何起初因惊喜而产生的溢价效应都会在时间线上逐渐递减。世界是向前的，唯有抓住眼前突变，迅速出击，才能够在看得见的远方获得生存干粮。

变化是机会产生的本源。在颠覆与被颠覆中抓住生机，在确定与不确定中拥抱未来。动态视角看世界，你的生活才可以生动无比。

四十七　众筹体验

观点导读

从思维到方法，众筹开启了移动互联网的网络体验，具体体现为思想众筹、物质众筹、行为众筹、资金众筹。

为什么移动互联这么热，成为全民热点？为什么说移动互联网的变革是彻底颠覆性的？这要从它的偏执狂般的创新思维开始，到变革路径的拉直落地结束。其中"众筹"既是概念也是路径。从思维到方法，众筹开启了移动互联网的网络体验。

①思想众筹。从被动地接受先知先觉者的传播，到承认民众思想集合式知识的价值。教授这个职业消失了。

②物质众筹。从商品到货币再到商品的流通模式被颠覆，通过移动支付互相扫描商品价值进行物物交易成为常态。信用卡消失了。

③行为众筹。从营销推广创建渠道建设终端，到终端扁平化被民众掌握去众筹渠道。团购网模式是移动互联思维的第一场实验，但不是终结者。营销两个字从教科书上消失。

④资金众筹。从当今冗长的金融产业链中，资本被解放出来了。再也不要被银行靠执照垄断资金流通。理财、存贷、投资、保险都在互联网上进行着透明交易。银行保险也消失了。

最可怕的是，这场暴风雨极速而来。不作为也是另一种形式的阻挡。阻挡历史的结局，你懂得的。

四十八　爆闪经济

观点导读

互联网中的个体崛起真正依靠的是全民力量的筹措，借助跨行业的协作、跨领域的融合、更自由的约束来完成一场集体的大狂欢。众志成城，众力筹措，也许就能打造出历史性的爆闪记录。

经济学理论总是随境而迁。网络经济学是随着互联网经济的发展而产生的。从严格意义上讲，如果一个经济学家不过问互联网金融，那么他可能只是个伪经济学家。

互联网囊括的范围太广泛了，广泛到你不知道如何网罗它的全部。因为究其细节，网络经济学涉足了社会、经济、市场、政治、媒体等门类，无论是从微观还是宏观的角度来划分，经济学的概念都很难从一而论。

互联网的发展是飞一般的速度，不断的诞生，不断的颠覆，不断的重生。在摆脱互联网学的基础层面研究之前，有太多的东西需要去掌握和钻研，才胆敢叫得起"家"这个不吝啬的称号。我们可以看到，现在流行的新媒体并未全是有新可言。互联网世界多的是昙花一现者，缺乏的是"执子之手，与子偕老"的忠诚。但互联网的风云变幻又迫使追潮流的人们放弃初衷。这是个哲学问题，如同乔布斯的禅理念，很难说得清楚。

在 2013 年的双十一中，制造了轰轰烈烈的舆论榜。大数据张扬的时代，很多商家注重规模的崛起和影响力管理，各种物质、思想等方面的众筹尝试层出不穷。其基本的逻辑是降低成本，通过物物交换、心物交换等方式，以分享换分享，以合力促实力。

从众筹角度来讲，互联网中的个体崛起真正依靠的是全民力量的筹措，借助跨行业的协作、跨领域的融合、更自由的约束，来完成一场集体的大狂欢。众筹的精髓之一是自由和开放，它不要求你家财万贯，不要求你面面俱到，只要你有一丁点的资本投入，哪怕这种资本只是虚拟的能量，它都会笑纳。

所谓不积跬步无以至千里，不积小流无以成江海。众志成城，众力筹措，也许就会打造出历史性的爆闪记录。

四十九　关系链条

观点导读

互联网的世界，就是产生大关系的世界，众筹就是建立关系的路子。有了熟关系，众筹就是小菜一碟。通过关系走众筹众联路，对等开发，尝试利用，经验足了，自然见分晓。

人一出生就和这个社会产生了关系。关系是个剪不断、理还乱的话题。因为在关系链条中，既有自然生成的客观关系，也有主观建立的关系网。而关系的纵横向延伸又是无止境的。从根本上说，关系的终极目的是满足人的需求，无论这种需求是现实存在的，还是理想主义的，它终将缠绕在人类一辈子的生活中，不离不弃。

互联网的世界就是产生大关系的世界。换言之，要想在互联网混出一个眉目，就得马不停蹄地和各种关系打交道。微信目前是互联网界的红人，它的关系体现在社交中，非常明显。我们可以随时随地与熟人产生关系、与陌生人产生关系，与身边的和不在身边的物事产生关系。关系的名头越大，可能你的潜在需求就越容易得到满足。

众筹就是建立关系的路子。有了熟关系，众筹就是小菜一碟。植根于移动互联网的微信版比 pc 终端版更牛气的关系是移动互联版微信占领了用户碎片时间的高地。这块高地非同小可。一方面，当关系经常发生情感接触和互动时，这种情感在日积月累中就会愈发深厚和浓烈，人们在关系网中就奠定了稳定的信任基础，进而产生习惯和依赖。另一方面，当关系铺盖的范围广泛而频繁时，关系的实用指数将会大大提高，甚至会出现垄断的局面。

众筹不仅仅是时间和成本的问题，更是关系凝聚力量的问题。没有关系，众筹在实操中将寸步难行。所以在互联网红遍全球的时代，单枪匹马不是长久之道，要做就做关系户，像一只不知疲倦的蜘蛛一样，拥有学而不厌、诲人不倦的精神劲儿，织好自己的关系网。它不是个力气活，但是个长久之策，临时抱佛脚总是不行的。还是用逻辑思维举例，罗胖通过关系圈请会员们去吃了一顿"霸王餐"，末了，各大商家却都抢着去为罗胖的下一顿"免费的午餐"买单……这是逻辑思维的众筹众联的关系魅力，与它已根深蒂固的关系影响力密不可分。关系品牌打得好，众筹众联落到点上，自然水到渠成。

如今的微信关系资源无穷尽，但能够落地开花才是真正的财富。通过关系走众筹众联路，对等开发，尝试利用，经验足了，自然见分晓。

五十　圈子经济学

观点导读

圈子是个人身份需求的标榜，它代表的是一种气质和归属感。没有圈子，仿佛是脱离了时代的轨一样。圈子的构造为人与人之间的交往渠道打开了便利之门，降低了人们的交往成本和需求难度。学透了圈子经济学，你就可以在圈子里游刃有余不逾矩。

说到微信，不得不说微信圈。都说娱乐没有圈，但微信是圈里圈外都是圈，整个就是圈连环。圈子里大有学问在。学透了圈子经济学，你就可以在圈子里游刃有余不逾矩。

自从有了微信，世界仿佛突然变大了。好久不联系的手机联系人可自动成为微信圈的推荐好友。多年失联的 QQ 好友也被动圈了进来，在主动与被动间的接触和聊天中，圈子自然而生。

都说六个人之间组成的圈子中就会有个熟人冒头。虽然这种六维理论并未总能使圈子的价值得到体现，但潜在的圈子世界确实是充满诱惑和无数可能性的。微信通过个人的微信圈、公众账号的收听圈、微群的集合圈等进行了大量的圈地运动。全国人民无圈不在。

在不断的圈运动中，被大大小小的圈子套在了一起。这些个圈名目不一，目的各异。但不容置疑的是，圈子世界的构造为人与人之间的交往渠道打开了便利之门。微信的圈运动直接降低了人们的交往成本和需求难度。

有人说，微信是个很玄妙的东西。我想它的玄妙之处也在于圈子的柔韧性，它的成功一定不是开始于赤裸裸的交易之上。如果没有信任做媒，很难成行。建立在社交门下的圈子，是很在乎人性细节和人情设计的。比如在微信的收发方式上更自由妥帖，它不显示你接收的提醒，也可以根据需求屏蔽朋友圈信息。任何人之间的关系交流更加自然和流畅。

微信并不是万能的上帝，但人们会发现，微信的圈子功能越来越被人们认可和习惯。从日常生活的角度看，微信圈子就是交际功能的体现，随时和密友取得联系，随时发布最新动态。从需求利益的角度讲，微信通过它的含蓄和直接的交往方式巧妙地把同一需求人群聚集在圈子里，既有人气效应，又可以互通有无。

有需求便有经济。圈子也是个人身份需求的标榜。譬如小清新、重口味的形容词一样，它代表的是一种气质和归属感。没有圈子，仿佛是脱离了时代的轨一样。这也是微信圈运动盛行的理由。至于圈运动能够促成多大的效益和能量，则要根据圈进的圈子来定了。

互联网讲究的是格局。有了具有经济前瞻力的格局和思维，运筹帷幄，圈运动就会风生水起。

五十一　锤炼成金

观点导读

优化，优化，再优化，是打造互联网产品的必经之路。成功只有两种可能，非傻即疯。不管前方道路多坎坷多崎岖，我们依然努力向前行！我们懂得，大成必经锤炼。

优化，优化，再优化，是打造互联网产品的必经之路。互联网产品从很丑到令人尖叫，不是在实验室内就可以完成的，而是在工程师和策划师的合作下完成蜕变的。

问题是，谁会关注给工程师、策划师提供实验环境的公司是如何挺过难关呢？要知道，实验阶段最耗费时间和金钱，不仅不能盈利，甚至没有方向，即便投入时间、金钱也面临不确定性。什么样的人才能挺过这样的难关啊？我斗胆预言，在不确定的移动互联网时代，能挺过这一关的人不超过10%。

假如在时间和金钱的困难面前，再来一个更高的山，你还能逾越吗？对于新生事物，有三种人会拿唾沫星子淹死你。一是自己搞不成，不希望你搞成的人；二是自己没搞过，不乐意看到你用创新去超越他的人；三是希望你过他那样的生活，不愿意看到你变革的人。这三种人都是你最熟悉的朋友圈子里的人。所以能经得起这三种打击却依然前行的人才是真正的互联网勇士。能迈过这三座大山的人最后剩下不足1%。所以我现在理解了，互联网领域的成功者都是极品！

成功只有两种可能，非傻即疯。沃晒选择从广州起步就是考虑到南方市场意识比较自由开放，但是也遇到了以上三种人。他们多数人不懂移动互联网，更别说具有互联网思维，他们拿出绳索来五花大绑我们的思想。小小沃晒承受着实体公司无法忍受的质疑和责难。所幸我们会逃脱术，我们不争辩不对抗，我们只游击战——敌进我退，敌强我跑。

我们懂得，大成必经锤炼。

五十二　三不原则

观点导读

沃晒颠覆之处集中体现在三点：

①不烧钱。
②不信邪。
③不冒进。

沃晒模式代表了中国最大多数成长性中小企业的追求，它的成功具有非凡的社会价值，是民众的胜利，是草民的胜利，是不折不挠的意志力的胜利！

在腾讯、阿里等巨头们投巨资布局移动互联网的今天，沃晒以低成本软实力发力，从改革开放的大本营广东出发，依托广东营销学会，以现代营销理念为模式创新的基石，开创了一个完全颠覆的互联网企业模式。其颠覆之处集中体现在三点。

①不烧钱。互联网企业靠烧别人的钱为生。沃晒自成立以来月月盈利，利虽微，意义非凡。

②不信邪。面对巨鳄大亨，无钱无势无政府背景的沃晒很像是互联网领域的"农民起义"。它高举"信、善、和"大旗，不声不响发动了百万信商。由于没有巨鳄投资，沃晒把所有能用的移动互联网最新理论全面开始实践。没有课程炫目，没有参加过论坛，没有新闻报道，只有埋头实践！

③不冒进。具有鲜明个性的沃晒，"轻公司，重信誉"，节约每一颗子弹，储备每一粒过冬的粮草，不急不躁，坚持自己设定的节奏，在微商城火爆时不出手，在微营销如日中天时不发声，一切只为了一份信仰的坚守。我们相信，当一个人坚持时，所有的人为他的坚持而坚持！沃晒卖的不是商品，是沃晒人的意志力和人品！

七十多年以前，亚洲曾出现过最强的两支军事大鳄——国民党部队和侵华日军。他们都装备一流，财大气粗。国共合作可以打败日本，美式装备的国民党却无法打败中共。认真想一想，为什么最后获胜的是伟大的中国共产党？今天的移动互联网多像当年，腾讯、阿里、京东、百度……谁会瞧得起沃晒？连眼皮都不值一抬的沃晒，在运用当年的毛泽东思想，红军根据地策略，集小胜为大胜，一点点积蓄能量，期待后年与大鳄们决战，期待"向马云怒吼"的那一刻。

沃晒模式代表了中国最大多数成长性中小企业的追求，它的成功具有非凡的社会价值，是民众的胜利，是草民的胜利，是不折不挠的意志力的胜利！利他利己，祝福沃晒吧，那就是你自己！

沃晒？沃晒就是你自己！

五十三　远见

观点导读

没有远见的人不要在移动互联领域创业。创业需要远见。看到移动互联网未来市场机会的人才是当今世界最富有价值的远见。

沃晒模式能走多远？我的朋友们为我担心。我用邓爷爷一句话回复，"五十年不变"。

2013 年以来，移动互联网领域所有的山头都被 PC 互联网的巨头占领。并称 BAT 的中国互联网三巨头百度、阿里、腾讯跑马圈地完成了移动互联网领域的大手笔并购，连打车软件也没有放过。竞争的激烈程度从免费模式转型到付费模式。于是，悲观者认为，移动互联领域被 BAT 蚕食殆尽，已无创业机会。

成长为新公司没有机会了吗？此言差矣。在 2012 年以前你是否认为新浪、搜狐、网易、阿里、腾讯是互联网的全部？但是 2013 年以来在美国上市的新一波中国公司里出现了游戏、携程、京东这样的公司。成长性在任何领域都存在，互联网也不例外。

2013 年真正在美国上市的唯——家移动互联网公司可能很多人不知

道，叫"久邦数码"，是一家以 3G 门户定位的移动互联公司。其掌门人张向东说，没有远见的人不要在移动互联领域创业。创业需要远见。看到移动互联网未来市场机会的人才是当今世界最富有价值的远见。

　　毕竟，移动互联网才几年，移动互联上市公司只有一家，移动互联网有收入的公司不超过八九家。这是真正的初级阶段。在 PC 互联网领域竞争到无孔不入时，阿里的对岸尚能诞生京东商城，在一个初级阶段的新领域，怎么会没有新公司成长的机会呢？

　　沃晒在行动……

五十四　捡瘦肉

观点导读

　　移动互联处于初阶段，不要用一个非常成熟阶段的标准来看待它。如同对待一家中小型企业，你用大企业的手法去管理它是不可行的。要想活下来，并且不只是为了活下来，很可能是移动互联网公司真正的方向。电商把肥肉吃了，那移动互联网只能从瘦肉开始慢慢啃，一样也是肉嘛！

　　在无孔不入的巨人 PC 互联网面前，移动互联网还有成长空间吗？哪些商户乐意上移动互联网呢？目标客户在哪里？如何做到与 PC 互联网的差异化？

中国 PC 互联网渗透率在 30% 以上，移动互联网在 60% 以上。前者过万亿市场，后者亿元级以下，两者相差一万倍。有人说这就是移动互联的机会。我不认同。我认为凡是 PC 互联网碰过的行业，对于创业型移动互联公司来说，是需要非常慎重才对。为何呢？因为蝗虫过后，庄稼还有果实吗？

移动互联处于初阶段，不要用一个非常成熟阶段的标准来看待她。如同对待一家中小型企业，你用大企业的手法去管理她是不可行的。要想活下来，并且不只是为了活下来，很可能是移动互联网公司真正的方向。一个创业型移动互联网公司正确的做法应该是，完全避开电商并彻底摒弃大流量大手笔的 PC 互联网思维，来一个彻底颠覆，尽管有些颠覆是被逼无奈。比如，移动互联网应当把商户定位在电商不能触及的领域。这是成功的关键的第一步。

有人会说，现在哪里还有电商不碰的领域？我提醒各位：太多的领域电商没有做或者没有做好！不管是淘宝还是美团网，其庞大交易量的背后隐藏着巨大的商业隐患。余额宝出生时提供了剩余资金高回报的诱饵，但 2014 年 7 月仍被评为全国最差的投资方式。

有太多的领域电商没有做好，如服务业，如隐藏在城市中令人尖叫的精品和服务。这些都是新的互联网价值增长点。当然，由于缺乏触电的习惯，这些商户和用户需要一个培养过程，一开始交易量不高是很正常的。这就意味着，电商把肥肉抢走了，只剩点瘦肉可餐。

问题是，在趋势面前，从吃瘦肉开始，又有什么不好呢？况且瘦肉也是肉！

五十五　终极大单品

观点导读

未来十年，中国都处于互联网颠覆进程中。移动互联网的出现，又加速了颠覆的革命性和彻底性。作为一个企业的战略决策者，需要用"以终为始"的思维看待现在传统企业的互联网化。互联网时代思维的改革是"1"，其他的围绕"1"而进行的运营和执行都是"0"。没有"1"，再多的"0"都是负资产。

　　未来十年，中国都处于互联网颠覆进程中。移动互联网的出现，又加速了颠覆的革命性和彻底性。传统行业被革命，PC 互联网被移动互联网洗牌，这两种革命性任务同时到来，让我们应接不暇。这是今天所有企业家感觉到前途迷茫的原因。你想想，同时出现两条不同方向的道路，迷茫是正常的。

　　未来的企业只有一种企业，叫新兴企业。将传统产业和互联网融合在一起的企业，其实只有这一条路可走。新兴企业在提供内容方面有哪些根本性变革呢？最主要的变化是未来的企业为了活下来，在追求产品极致化的竞争对手面前，必须把产品多品种模式调整为"终极大单品"模式。把一款产品做到极致，才能让消费者尖叫。只有消费者尖叫，才符合互联网企业的特性。互联网时代不靠广告传播，而是靠消费者口碑传播。

　　终极大单品企业在产品内容和形态上分为三种。一是大单品，体量大到至垄断者的行业地位，这和传统思维中靠多品种产品形成大行业垄断的操作规程完全不一样。二是个性化定制小单品，体量小，活得好的小而美的企业通过把用户需求细分占据一席之地。三是，快单品——快速升级的技术类产品，靠迭代思维快速推向市场博取消费者尖叫。除了以上三种企业，其他产品类型的企业很难活下来。

　　一如今晚的世界杯决赛，德国对阿根廷，教练是"1"，所有的队员是"0"，假如德国队赢了，别忘了教练勒夫的功劳！

五十六　终极大绝杀

观点导读

传统企业因为是重资产的太空漫步的模式，导致渠道、广告、设备、市场等综合运营成本很高，所以追求高利率也是被逼无奈。移动互联网改朝换代的革命性集中体现在对传统企业的三个绝杀。一是"极致产品绝杀"，二是"终极底价绝杀"，三是"快速跌代绝杀"。佩带以上三种新式武器的未来企业将在所有的领域干净彻底地结束传统企业的生命。

传统企业因为是重资产的太空漫步的模式，导致渠道、广告、设备、市场等综合运营成本很高，所以追求高利率也是被逼无奈。在移动互联网时代，由于点到点的直销模式逐渐形成，价格上采取免费策略，这必然形成趋势。既要把产品做到极致，又要实现成本价销售。假设你面临这样的行业竞争对手，重资产的传统企业还能活下去吗？

移动互联网改朝换代的革命性集中体现在对传统企业的三个绝杀。一是"极致产品绝杀"，二是"终极底价绝杀"，三是"快速跌代绝杀"。佩带以上三种新式武器的未来企业将在所有的领域干净彻底地结束传统企业的生命。

为什么一定是这样的结局呢？传统企业的竞争，拼的是企业内部的核心竞争力，如企业文化、企业管理、企业内部流程再造、科研经费投入。移动互联网时代，企业拼的不是企业内部资源，而是资源配置能力、产业链整合能力和用户聚合能力。猜想一个可怕的可能性吧，过去拥有先进技术的企业处于产业价值链的上游，让市场为它打工，而未来将颠倒过来，技术性企业将处于最不赚钱的位置，为市场打工成为可能。

"顶配加成本价"，将是未来竞争的常态。由于互联网把信息对称起来，产业全透明导致一个产品的成本核算由消费者来完成，企业失去定价权。一个尴尬境地出现了，一方面你不得不把产品做到极致，另一方面你必须裸价销售。一个裸奔的企业如何盈利如何发展呢？

这个问题提得好，请听下回分解。

五十七　终极大市场

观点导读

在移动商务领域，移动支付和零售是基础。无论是提供工具支撑，还是专注于网页平台的建设，按需和基于应用的服务优化改进在不断增强，是对移动端的优化。移动商务消费逐渐代替在线渠道销售商品服务，依托于终极单品和终极服务的体验式销售，最后赢得终极大市场。沃晒模式先知先觉，先行者必将受益。

　　风投钟情的消费技术领域将被具有移动优先力的创业公司占据。前不久由李冰冰、任泉、黄晓明三位明星联合发布的 VC 计划里就明确了有意投资移动创业公司的指向。信誉经济是未来经济行业的主流，富有人格魅力的企业在企业人的人格背后，尤其强调了信任与契合。移动商务平台恰恰具备了这种功效，让大众触摸到更真实的人格。如果没有令用户认可的品牌、使用户尖叫的产品、让用户膜拜的魅力，就很难在移动互联领域开拓疆土了。

　　移动商务的发展势如破竹。要想成为风投界竞相追逐的香饽饽，就得看清行业形势。移动支付和移动零售的实现还只停留在一个雏形期，待开发的余地远远超过现在。由于市场经济的不稳定性，在市场和应用板块仍然是起伏不定的，今天老虎为王，明天猴子称霸。

　　在移动商务领域，移动支付和零售是基础。无论是提供工具支撑，还是专注于网页平台的建设，按需和基于应用的服务优化改进在不断增强，是对移动端的优化。目前的火爆游戏、消息服务更多依靠广告植入和虚拟商品盈利。而传统电商若想成功转型，就必须专注于实体商品和服务的开发利用，并且摆脱固有的营销思路。规模不再是硬道理，塑造移动互联新风尚就是要抓极致，重细节，讲人情。

　　我们看到移动支付流行后，移动 POS 系统的支付方式迅速蔓延，但身边迅速以此为营生的朋友们并未尝到甜头。这是一个很具有挑战性的行当，且涉及信誉、资本等问题，需要技术火候，信用风险评估。

　　移动零售的实现在优惠推送服务上已经有所搁浅。陌生的售后评价将不再被认可，基于用户互动形成的情感互动才可能取信于人，并且利用更贴心的服务来帮助和引导用户发现需求和便利渠道，优化交易流程。在移动手机上按需涉及原生、原配的用户体验，关注便捷性和真实参与度，积极优化改进，实现无缝对接，使用户愉悦消费，快乐收入。

　　移动商务消费逐渐代替在线渠道销售商品服务，依托于终极单品和终极服务的体验式销售，最后赢得终极大市场。毫无疑问，在市场整体未成形之前，抢先建立移动商业模式的创业人将极有可能成为下一个豪迈成功者。

　　沃晒模式先知先觉，先行者必将受益。

五十八　终极大布施

观点导读

我不认为互联网是人类文明的颠覆者，它只是商业工具的颠覆而非历史规律的反动，相反，互联网是历史文明结晶的传承者。如果说 PC 互联网传承了财布施手法演绎了免费模式，那么移动互联网时代将上演法布施的大戏。

世界上最大的赚钱秘籍是布施。布施分财布施和法布施。前者属物质层面，后者属精神层面。任何一种布施都是人类的终极追求。

佛祖法布施，终于拥有千年企业也难企及的精神、物质财富：数不清的销售终端——庙宇，用之不竭的现金流——善款，取之不尽的忠诚用户——信徒。佛教也是一点点发展起来的，刚起步时也面临人财物短缺的窘迫，以布施为行为准则慢慢成长自我裂变。

利众才利己。这种亘古不变的古老思想被今天互联网思维传承，延伸至"免费模式"主导的 PC 互联网全领域。在移动互联网开局的 2014 年，又被嘀嘀打车演绎成"付费模式"。作为新兴企业的互联网，必须借鉴人类历史上最伟大的商业发明——财布施，才能以核子裂变的速度从实体经济的包围中脱颖而出。实体经济与其说被互联网打败了，不如说被历史规律抛弃了。

我不认为互联网是人类文明的颠覆者，它只是商业工具的颠覆而非历史规律的反动，相反，互联网是历史文明结晶的传承者。如果说 PC 互联网传承了财布施手法演绎了免费模式，那么移动互联网时代将上演法布施的大戏。经过了过去十年的送积分送赠品送大礼的满天大促销，送"赞"送"笑脸"送"大拇指"的时代到来了。一家企业通过善举所聚集的人气，比买流量的 PC 电商更能持续获得用户的信赖。

五十九 终极大通路

观点导读

PC 互联网络的电商不是真正意义上的营销革命，电商只是一个大包销商，淘宝店是二级包销商。所以，电商只是实体店的网络翻版。移动互联网是一场真正意义上的营销革命，直接变革的是市场通路。

2013 年 10 月 14 日 10：00，CCTV 直播中国直销产业峰会。在中国直销遮遮掩掩 20 年，从谈直销色变，到直销理念登大雅之堂，这是一个什么样的信号呢？

北京大学成立中国直销研究中心，浙江大学成立直销专业，各大学府开始了理论先行。仁者见仁，智者见智，长期处于半地下的、基于人链传播销售的人们开始了庆祝。我却不认为这是对类似传销组织的支持信号。在中国，以传销形式出现的所谓的直销永远不可能堂而皇之大行其道，原因很简单，中国怕经济秩序混乱。

我从移动互联网时代来观察，得出更合理的结论。PC 互联网络的电商不是真正意义上的营销革命，电商只是一个大包销商，淘宝店是二级包销商。所以，电商只是实体店的网络翻版。移动互联网才是一场真正意义上的营销革命，直接变革的是市场通路。平台模式，点到点路径，厂家用户互动。这些设想尽管还没有完全实现，但是一旦移动互联直销模式发力，首先消灭的是以各种借口存在着的通路和终端。

保守的终端学流派在今天的市场营销理论和实践中都有它坚定的拥护者。不计其数的保守主义以强调消费体验为由，为实体店的苟活寻找理由。大家都知道今天的实体店不会活下来，保守主义者内心也很清楚。一个不可置疑的事实摆在我们面前，用户想要的消费体验不是今天实体店提供的售前体验，而是售后体验。比如买法拉利跑车，用户需要的不是当今的 4S 店的车展体验，而是一个能让跑车真正极速跑起来的赛道。

未来，所有的售前体验都可以在移动端实现，实体店如想存活只能成为售后体验店。所以，我判断，今天的实体店必将全体沦陷。我呼唤真正意义上的市场革命！

六十 终极大逃逸

观点导读

世界变平了是互联网思维，世界变真了是移动互联网思维。第三次人类的逃逸是以互联网开始，以人性之贪婪发挥极致，人类之谎言登堂入室达到了互联网时代的最高潮。沃晒以非凡的勇气担当起大学之责，在人类第四次伟大逃逸之路上，每隔几公里就刻下指示牌——沃晒观点，为人类的大逃逸重新构建世界观和基础理论。

根据宇宙大爆炸理论，我们的星球是从浩渺的太空逃离出来的。人类活动也有三次逃逸。

第一次，人类从森林从树上逃离到平原，为了集体逃离野兽的侵犯，于是村庄出现了。

第二次，当平原不能持续满足人类对温饱的要求时，毕竟靠天吃饭的农耕作业链不断被打断，为了逃离贫穷，工业出现，城市诞生了。

第三次，城市能带来知识的交换，却无法满足对城外更多城市人信息的知晓，为了逃离信息的贫困，互联网出现了。

我们还会有第四次吗？从表象来看，移动互联网也是互联网的延伸部分，都叫互联网，自然是同属一个时代。我却不这么认为。世界变平了是互联网思维，世界变真了是移动互联网思维。我们正在朝着人类第四次逃逸的方向奔去。第三次人类的逃逸以互联网开始，以人性之贪婪发挥极致，人类之谎言登堂入室达到了互联网时代的最高潮。

高潮过后是荒废。人类必须学会自我救赎，从互联网的废墟中挣扎着站起来，重新定义生命的意义。如今，互联网思维炒得很热，然而我不跟风。因为那些东西根本不是互联网思维，最多是"术"的层面的聒噪，缺乏缜密逻辑的推导。噪音多于灼见，概念被肆意包装。

教授善演，学者善思。沃晒以非凡的勇气担当起大学之责，在人类第四次伟大逃逸之路上，每隔几公里就刻下指示牌——沃晒观点，为人类的大逃逸，重新构建世界观和基础理论。读者幸焉。

六十一　终极大海战

观点导读

实体经济是陆战，互联网是空战，移动互联网是海战。移动互联网的核心思想是一切要快。移动互联网好比是海里的小鱼，不会轻易被捕捉，因为它的速度快；不容易被吞噬，因为它灵敏。现今的移动互联网趋势就是如此。

实体经济是陆战，互联网是空战，移动互联网是海战。

海洋占据我们赖以生存的星球的70%。我们能把珠峰踩在脚下，却从来不曾触摸到海洋最深处。登珠峰叫征服，探深海叫触摸。海洋永远不会被征服。

象征着蓝色文明的互联网海战具有如下特征：

第一，人人处于生态圈。处于大海中的任何动物在破坏生存环境时都必然殃及自己。不像阿里和京东之间的电商大战，更不像国美和苏宁的陆地肉搏，移动互联是彼此依存的生态圈。

第二，快鱼吃慢鱼。都说大鱼吃小鱼，不是这样的。小鱼跑得快，慢鱼吃不到。移动互联网的核心思想是一切要快。

第三，分层生存法则。海洋生存之道，乃分层生存之道。移动互联网领域会出现在细分市场的互联网公司的各自精彩，不可能再出现电商时代的阿里一家独大统揽全局的局面。适者生存的规则被替代，只要有特色就有生存的理由。

于无声处听惊雷。平静的海洋正在蕴藏一种超乎寻常的能量。

六十二　知识美学

观点导读

知识就是力量。知识之美，美在不俗；知识之美，美在身处异端却依然坚持。移动互联网时代，获得信息入口的主动权从电商巨头手里转移到用户自己手中。手机在握，爱谁是谁。这就从根本上颠覆了电商存在的群众基础。

知识就是力量。培根发出这句名言三百年，他当然不知道今天的互联网时代是"信息产生力量"。互联网通过改变知识传送的路径，进而改变知识本身。

然，信息的泛滥加重了人类对知识鉴别的负担。当专家们的双眼被眼前利益的尸布蒙蔽，知识被碎片化信息绑架了，整个世界的整体性消失了，事实取代了理解，数据取代了情感，而被分解得七零八落互不关联的知识不再给人类带来智慧的森林。一个只有落叶的世界是多么的可怕。

可惜人们并没有认识到这种危害正在撕碎人类知识深处的道德底线。PC 互联网时代使知识"非人化"，使一般大众深陷"非人的折磨"，从而对知识心生畏惧，逃之夭夭。大量的知识成为人们的负担。比如，当百度推行以"竞价排名"为搜索依据时，人们在对它的商业模式赞不绝口时，可曾想到过被淹没的真知的哭泣？有价新闻、僵尸粉丝、虚假点评、涨价再折……PC 互联网把人类辛苦几千年积攒的对知识之美的膜拜，彻底变成了对丑形恶意的堂而皇之的推崇，对物质的崇拜变得没有底线。

知识之美，美在不俗；知识之美，美在身处异端却依然坚持。让我们反思互联网吧，互联网商业化结出的怪胎代表作就是马云的阿里系。他的商业化成功掩盖互联网使人类对知识和信仰的抛弃之后果。

幸好移动互联网来了，再不来人类就彻底绝望了。移动互联网时代，获得信息入口的主动权从电商巨头手里转移到用户自己手中。手机在握，爱谁是谁。这就从根本上颠覆了电商存在的群众基础。要知道，电商巨头们是靠着对海量信息的几乎垄断性支配，进而支配你的消费心理和行为的。制造海量的消费时尚去扭曲你的眼光，编织鸿篇大论来遮掩自己的丑恶目的。

六十三　异端的权力

观点导读

"沉默的螺旋"原理：为了防止成为少数派而受到排斥，每个人在表明自己的立场之前首先会观察四周，当他明了多数人所处的地位时他才加入以取得地位优势，于是才大胆表明自己的观点；否则他会沉默。

PC 互联网时代，把沉默发挥到了极致。移动互联网绝不沉默！

解放知识，必先解放思想。

安徒生的童话"皇帝的新衣"说的是为了不做个愚蠢的人，朝廷上下都在附和骗子，只有一个小孩子说了真话。如今的时代，重读孩提时代的故事，感慨万千！

这种现象叫"沉默的螺旋"原理：当舆论的阀门一旦打开，英雄主义者很容易使自己处于多数人地位。原因是在"劣势意见沉默"和"优势意见被大声疾呼"的螺旋式扩张中，占有压倒性优势的"多数意见"即所谓的"民意"产生了。而真实情况是这种多数意见是错误的。

2013 年的"双十一"淘宝天猫营销狂欢，谁曾想到过是一场"抬价再打折，处理库存"的商业欺诈游戏？策划主导那场游戏的主角如今被审判了吗？没有。为什么？因为整个社会都学会了在错误的大多数人面前保持沉默。这种可怕的沉默侵入我们的生活中，会让我们赖以生存的社会面对恶行大行其道时保持一种奇怪的沉默。看到路边有人流血受伤，多数人不选择施救，选择沉默；大家总是选择沉默时，社会就会沉沦！

中国传统文化中的糟粕如"事不关己，高高挂起"之类的中庸之道，又放大了"沉默的螺旋"的作用。一个时代异端者的缺失，是这个时代的失败。对那些看似极少数的异端思想的保护，是智者的责任。

六十四　有限理性

观点导读

从数字和信息的包围中挣脱出来，充分释放人性的光辉，是移动互联网带给世界最重要的价值。基于个体通讯而诞生的互联网工具，不可能和基于光缆诞生的 PC 互联网有基本属性的一致性。移动互联的属性是人，PC 互联网的属性是光。所以说，再大的光芒都无法遮挡人性的光辉。移动互联网的世界是一个真实的世界，是一个有信誉的世界，是一个可以付出真爱的世界。个人信用和品牌构成了移动互联大厦的两根支柱。移动互联网就是把每个人的信用联网。移动互联网把经济学人性化，深层次去解释人与人之间的经济关系、行为动机、喜好偏向、价值取向等问题。

人在信息面前就束手无策吗？被数字包围的时代，情感何所依？决策是一门科学还是艺术？飞速发展的互联网交易的是商品还是人类的情绪？

是人就会有七情六欲，有眼泪有欢笑有咆哮有冷峻才是真正的人。长期以来我们对互联网有偏见，认为那是一个虚拟的世界，一个购买便宜货的世界，一个身体出轨的世界。在这样的世界里，经验丰富者会提醒你，在互联网世界，不要玩真的，不要感情用事，不要沉醉其中。

未来的世界不是这样的。移动互联的世界是一个真实的世界，是一个有信誉的世界，是一个可以付出真爱的世界。个人信用和品牌构成了移动互联大厦的两根支柱。移动互联网就是把每个人的信用联网。传统电商最害怕的事情终于出现了，他们靠低价、流量、吹牛来联网，你说他们能不害怕未来吗？

经济学给人的感觉大多是物质的投入产出、货币关系、供需产能等问题，也是 PC 互联网的理论基础。移动互联把经济学人性化，深层次去解释人与人之间的经济关系、行为动机、喜好偏向、价值取向等问题。这就从理论上解释了人也有不理性的一面，并且不排斥这些不理性，认为感性的经济学才是正常的经济学，是谓"有限理性"。

我会不断论证传统经济学的很多假设是不能通过实验来证明的，帮助经济学摆脱历史经验主义和科学实用主义的束缚。

六十五　驱逐暴利

观点导读

互联网金融是维护商业链生态的高手。以差异化新生的互联网金融把目标客户定为小额贷款的小企业主，无声无息中起到了保护社会最底层经济形态的作用。移动互联网会把类似互联网金融这种业态推向更高境界，也会把更优秀的小企业主推动起来。

长期以来，我们把规模经济学奉为经典，企业家的追求就是把企业规模做大，从而增强企业获得产品利润之外的企业边际资源，而这些资源是中小企业无法获得的超额回报。

在任何一种市场环境下，利润最大化都是企业不懈的追求，这本无可厚非。甚至不惜破坏商业生态环境而鼓励企业通过规模经济走向垄断。

为什么全球范围内都在抵制垄断者。因为市场最优原则的效应是保持商业链生态化。如同小河里泥草越来越少时，小虾小鱼不见了，最后的结果是大鱼也会饿死。作坊式的小企业是产业链中最容易受伤害的最底端，却是这个产业链大河中最重要的泥草。一个奖励规模大企业的经济政策只会导致商业生态失衡。

互联网金融的迅猛爆发，给了小微企业以喘息的机会。不能简单认为互联网金融只是银行业的补充形式，互联网金融是维护商业生态链的高手。以差异化新生的互联网金融把目标客户定为小额贷款的小企业主，无声无息中起到了保护社会最底层经济形态的作用。

移动互联网会把类似互联网金融这种业态推向更高境界，也会把更优秀的小企业主推动起来。不管是地球任何一个角落的小人物都会得益于移动互联网。世界会因生态化变得更加美好。

六十六　最后一击

观点导读

今天，全球进入一个新的移动互联时代，这也是 IT 产业继硬件、软件和 PC 互联网之后开启的第四个王朝。一般而言，我们把移动互联网划分为四个区域，即欧美、中国、日韩和其他发展中国家。与欧美相比，亚洲市场用户对手机和移动互联网依赖程度更高。以出行为例，美国人的双手被绑在方向盘上，而在中日韩的大城市中，人们出行的主要工具是公交地铁，双手得到了解放。所以，在新兴的移动互联时代，只有亚洲有机会引领世界。第一次失去了世界互联网霸主的机会，中日韩谁有可能引领世界呢？

多年来，中国的互联网产业以美国为师，源于美国的商业模式被"Copy 2 China"。如今中国诞生的所有互联网公司没有一家是模式原创。没有原创，就没有领先；没有独占性创新，就会永远落后挨打。在移动互联网领域，美国落后了。谁走在了前面呢？我们的邻国日本、韩国走在欧美前面。以手机钱包为例，日本从 2005 年就开放成功，而在美国，一直到 2013 年，NFC 支付还迟迟打不开局面。日本是世界上第一个商业运营 3G 的国家，日本首创的运营商——SP 模式、二维码、手机钱包等都是完美的封闭体系。

我注意到，在日本的 Web 和 App 的历史性对决中，日本政府以国家之力引导转型。在日本，研究中国的书比比皆是；在中国，我们总是遗忘这个可怕的邻居。有价值的做法是研究日本，超越日本。在移动互联领域，我们的对手不是美国，而是日本。

这个引领世界的全球新霸主诞生在谁家，对于国家未来三十年的发展具有里程碑式的战略意义。后台数据库争夺战、个人价值取向争夺战、商业屏蔽争夺战，战战关乎国家命运。沃晒以微弱之力，发轫民间，奔走呼喊，战胜日本！

那么我们是否有机会战胜日本呢？答案是肯定的！

第一，在 IPhone 走红之前，日本的 APP Store 自成体系。但在这之后，日本以运营商为中心的移动互联模式被深刻颠覆。这就是说，今天日本和中国处于同一起跑线上。

第二，中国人口庞大，而且闯世界的华人很多，他们都有抗日情节。这为中国移动互联领先世界提供用户基础。

第三，中国的线下终端店数量众多，为移动互联 O2O 做好了准备。日本不具备 O2O 的线下关键的硬件。

谁能清醒地认识到这次国家机遇呢？

六十七　支付革命

观点导读

人们出门总是希望所带东西越少越好。手机支付是 21 世纪最伟大的实用技术发明。手机支付分近场支付和远程支付两种。在现实生活手机支付的份额中，大部分是远程支付。未来的支付系统一定是海量的用户需求推动的从下而上的变革。沃晒就是推动者、参与者。

"当你出门时，只需要带上三样东西，手机、钱包和钥匙，你的 iPod 不在其列。"这是 2004 年摩托罗拉 CEO 桑德尔和苹果乔布斯见面时，桑德尔扔给乔布斯的一句话。

这句话很形象地概括了出门在外人们的两种需求，即通信需求、支付需求。如今这两种需求可以同时在手机上完成了。如果乔帮主还活着，再见桑德尔时可以这样说了"当你出门时，你的两种需求可以同时满足，只要带一部 iPhone 手机，而你的 MOTO 不在其中。"

手机支付是本世纪最伟大的实用技术发明。手机支付分近场支付和远程支付两种。近场支付就是在消费场所用手机刷卡，远程支付指通过发送支付指令（如网银、电话银行）或借助支付工具（如汇款、邮寄）进行支付的方式。

在现实生活中，手机支付的份额大部分是远程支付。如果近场支付迟迟打不开局面，那么移动互联网的 O2O 模式很难形成规模化优势。移动支付主要由用户手持终端、支付服务、商家刷卡终端三大部分组成。这三大部分最理想的生态链是运营商控制手机终端，金融业控制商家刷卡终端，支付服务由一家民营的平台运营商经营。

理想很丰满，现实很骨感。在中国，不管是中移动、中联通这些运营商，还是银联，都希望将产业的上下游通吃。中国移动既通过自己的定制手机控制终端，又向餐馆等服务业发放 POS 刷卡终端，还成立本该民营企业介入的第三方支付服务平台。银联发行了手机的外接设备。其结果是，两大系统各自打造了属于自己的封闭的系统，互不相让，进行了旷日持久的支付标准之争，阻碍了支付产业的大发展。

此时，腾讯借助微信庞大的用户，花大力气推广"微支付"。但微支付不是最佳的解决方案，或许真正的革命性支付方式正在酝酿之中。不过，有一条是确定的，即未来的支付系统一定是海量的用户需求推动的从下而上的变革。沃晒就是推动者、参与者。

六十八　不土不快

观点导读

世界天天都在变，唯一不变的是习惯。沃晒移动商城顺应本土化原则，形成"一座城市、一家子公司、一种生活方式"的沃晒模式。本土化是中国移动互联网的巨大特色。

也许有一天中国移动互联网整体领先世界，靠的就是这样一条规则：谁了解消费者习惯并遵循了本土化原则，谁就能获得成功的青睐。

我们曾经深谙这样一条成功的规律：向互联网先进国家学习商业模式是一个发展捷径。然而模仿 Facebook 的人人网却没有火爆起来。2004 年在日本，比腾讯更早的一款产品"Mixi"一推出就异常火爆。

Mixi 是跟微信类似的即时通讯软件，其主要特点是采用邀约制，即只有收到邀请才能注册成新会员。2013 年，当微信在中国红遍全国时，和微信类似的社交软件 Line 在日本取得了空前的成功。与 Mixi 相比，Line 增加了免费电话功能，开发了游戏和付费表情，这些游戏的社交属性帮助 Line 获得了更多的用户黏性和活跃度，此时顽固不化的 Mixi 衰落了。Mixi 强调了社交属性的私密化，而 Line 突出了日本人在碎片化时间里的娱乐性。

早年亚洲的社交网络和即时通讯软件都师从美国的 Facebook，界面简约，私密性很强。但是从美国翻版的社交模式几乎都败下阵来，原因是 Facebook 是基于美式社交而设计。美国人下班后去酒吧或其他聚会场所，常常是端着酒杯聊天，更多的是聊一天的工作内容；而中国人下班相约去打麻将、K 歌、喝酒；日本人下班就去喝酒。所以美国社交属性是语言交流，而亚洲人的社交更加开放。

腾讯很聪明，没有一味模仿，而是创新性地把即时通信工具和社交平台结合，并且引入了公众平台、二维码、O2O 等功能。微信的成功说明谁了解中国的消费习惯谁就能入乡随俗，谁就能成功。本土化是中国移动互联的巨大特色。沃晒移动商城就是顺应这一本土化原则，形成"一座城市、一家子公司、一种生活方式"的沃晒模式。

六十九　四美主义

观点导读

在移动互联网时代，中国能为世界贡献什么样的独特价值？移动互联网极大地释放了最基层人们的绝技，通过一个个个体能量的释放、汇聚，形成一种国家竞争力。

提到瑞士，人们就会想到钟表、医疗、军刀；提到德国，人们就会想到汽车、精密仪器、医药；提到意大利，人们就会想到跑车、皮革、男士服装；提到法国，人们就会想到香水、女装、葡萄酒；提到巴西，人们就会想到桑巴舞、足球。

未来中国将会产生四大产业，它们是美食、美酒、中医和美装，这些产业将随着移动互联网的扩散效应而迅速誉满全球。为什么是这四大业行呢？理由有三，其一是它们在中国有三千年的历史积淀，《舌尖上的中国》就是中国美食艺术的明证。而美酒和中医、丝绸的历史文化更是博大精深。在它们的历史传承中从未被打断，不管任何外族入侵，它们都被保留。其二是这四项技术多数掌握在年龄大的老师傅手里，这些人大都不懂PC 互联网，但他们会玩手机。其三是这四大行业具备更深的挖掘价值。

就拿美食来说吧，西安的羊肉泡馍、成都的肥肠粉、北京的炸酱面、遵义的羊肉粉、重庆的麻辣烫、兰州的拉面、山西的刀削面等等，如果想品尝到最正宗的美食，你只能让当地人带路，穿街走巷才能找到当地的百年老店，而这一难题在移动互联时代都可完美解决。因为沃晒在行动。

茅台酒是中国名酒，茅台酒在历史上是三大最好的窖池联合组建的，100 多年前为这三大窖池提供大曲配方的是郑翁酒，当地人俗称"茅爷爷"。中医历来以防病治病见长，不开刀不对人体造成创伤，用神奇的中草药配伍，让多少不治之症患者起死回生，见证一个个奇迹的发生。中国中医必将为世界带来福音。至于美装就不用说了，爱美之心，人皆有之。中国人口基数大，对于美的要求和渴望自然就有巨大的市场空间。未来在美妆行业的趋势有两个方面，一个是与形象微整有关，一个是与化妆品市场的健康品质打造有关。

以上四大产业都属于人类基础需求，越是基础需求，越是有旺盛的生命力，源源不断的需求和层次提升必将决定这四个行业迈向一个蓬勃发展的新阶段。走向世界在移动互联时代已成为常态。

我把这四个行业称为移动互联时代的"国粹"，不为过吧？

七十　同步社区

观点导读

互联网让地球变平，移动互联网让地球变小。互联网催生出虚拟异步社区，移动互联则为真实同步社区。同步社区的形成，最大受益者是旅游业和医疗业。

虚拟社区是一种由兴趣、爱好、目的接近的人群通过互联网组成的松散社会群体，包括同步社区和异步社区。

现有的 PC 互联网以异步社区为主，如天涯论坛、人人网、遨游网、驴友论坛等。同步社区是实时互动的，交流的信息基本不在页面保留，好友们可以时时在线交流互动。

同步社区形成，最大的受益者是旅游业和医疗业。对于热衷于旅游质量提高的人来说，旅行前成为朋友，并参与到旅游线路的设计中来，是再开心不过的事情。如果能和即将到达的旅游景点的人提前在社区互动，旅行中产生的尖叫声会越来越多。

中国步入老龄化社会已成不争的事实。老年病袭来，谁来护佑老年患者愈发脆弱的心灵？除了子女，还有由病友、医生、护士、理疗专家、养生专家、心理专家、运动学专家组成的同步社区，它是老年人依赖的家园。

这些都是只有在移动互联网上才能实现的梦想。在 PC 互联时代这一切基本不可能，一个主要原因是老年人不愿意与一个虚拟异步社区交往，他们对安全感的需要远比药品食品的需要更为迫切。

同步社区的真正好处是在提高人们安全感的同时，也提高了所有参与者的综合效率。看一种新生产力能否替代旧产业，就是看它是否是先进文明的代表者。

然而，被替代者不一定都是落后的文明方式，至少在相当长的时间内，PC 互联网还会是舞台的主角。

七十一　新媒渠

观点导读

不变革，毋宁死。受移动互联网冲击最大的行业是传统媒体，它是被巨浪摧毁的第一个防波堤。是增加成本筑堤？还是开堤放浪与浪互动？智者会打太极，以柔克刚，化危机为机遇。

进入移动互联网时代，传统媒体该怎么办？是任台风狂飙，还是与浪共舞？

传统媒体只发挥媒介的作用是一个不争的事实。不是人们不需要新闻，而是人们不听你的新闻；传统媒体投放广告效果不佳，僵硬的永远一成不变的广告形式让客户心生厌倦。移动互联思维把媒介、商户、用户以及关联用户融合在一起，因此广告的效率大大提高。传统媒体人的思想被一种叫"新媒渠"的思维所冲击。

变革，奇迹就会发生。任何人、任何行业，只要能产生变革的念头，并付诸实践，就可以顺势而为。我觉得媒体变革有三种选择：变大、变小、变无。

怎么变大呢？就是采用一种全媒体移动终端，采用双核处理器和安卓系统，配置 CMMB 移动电视接收模块，可不使用流量免费收看所有的电视节目和报纸新闻。用户还可以和主持人互动，商户投放广告的积极性更高。由于内容兼容性带来的扩充，我称之为"媒体变大"模式。2013 年 5月，合肥报业集团可以说是是改革的先行者，他们根植于本土化，打造了全媒移动终端，成就了"i 合肥"的应用。

媒体变小思维。变革的出路不只一条，传媒还可以细分市场和用户，根据细分市场的用户需求，使媒介变小，如"小微视频客户端"。对广播电视媒体资源进行整合，利用新媒渠技术围绕网络电视、社区、博客、微博、微信等打造出移动网络互动终端，和传统媒体一起滚动传播，彼此放大。南京广电集团小微视频客户端开始了此模式的伟大实验。

媒体变无。何谓无？无，亦所有。传统媒体可以借助自己的公信力和发动力，构建一座城市移动同步社区平台，把关心身边事、照看身边人、支持本地货做为主诉求方向，守护根据地模式其实就是不以传播内容为主，而是以搭平台思维构建的"空媒体"模式。

移动互联网不是狼，人类永远不能与狼共舞。移动互联是浪，你愿意被浪击打呢，还是选择去冲浪？

七十二　腾讯之疼

观点导读

微信火爆，马云哭了；微支付推出，马云笑了。腾讯一路走来，跌跌撞撞，有对有误，有得有失，最终，堪称巨人的腾讯还是哭了，又或者说，腾讯这个可爱的孩子还是与巨人失之交臂。

腾讯一连串商业化失误，让人扼腕叹息。2014年梦幻般的开局，使微信红包一夜成名，而今天却导演出连小企业都不可能犯的低级错误。

腾讯在商业化大道上，时常在错误的时间、错误的地点，犯着与这个巨人身份不相符的错误。第一个错误就是去年年底推出的微生活模式，耗时耗力，雷声大雨点小。这个错误在于过早暴露自己的商业化野心，更为致命的是用户并没有使用移动支付的习惯，移动支付不成熟，微生活就没有基础。

第二个错误是推出移动终端POS机。腾讯的思维是，既然不能快速改变移动支付的事实，那就顺应消费者终端刷卡的习惯吧。腾讯试图把上下游打通的思维完全脱离了移动互联网"开放、分工、共享"的基本原则。结果可想而知，推广效果不理想。

还有一个最致命的错误是，2014年7月腾讯宣布打通微支付，捆绑了它的核心产品微信，把微信由"骚扰"模式改为"邀约"模式，使它彻底放弃了开放精神。

腾讯有希望成为一个世界级霸主。移动支付问题应该和几家金融巨头联合，把目前遍地开花的终端银行POS机增加支持手机支付的功能即可，技术上没有难度。把商业服务交给更擅长商业化的民营公司来做，比自己动手更符合价值最大化原理，比如交给"沃晒商城"，腾讯的用户流量加上沃晒城市名片模式，占领全球1000座城市只是弹指之间。

七十三　异域合作

观点导读

　　移动互联网和传统企业的碰撞和融合一直在激烈进行，未来跨界思维和异域合作将是主趋势：传统行业在重塑，新兴行业在跨界。移动互联网的机会之窗已经开启，世界更平，尽管一切都还未确定，但在不确定中有着无限的可能性。

　　互联网用户的快速增长在达到一个高峰值后，开始呈现放缓现象，但某些地区，使用智能手机的人数仍在激增，所以从整体上来看，互联网渗透率仍在加速。从移动流量继续上升的趋势来看，手机产生的流量远远超过了 PC 端，互联网用户向移动终端的迁徙已成定局。

　　在全智能联结的物联网时代，不仅仅是智能手机占主流，以智能家居、智能硬件和车联网为核心的物联网经济将成为新一轮热点。

　　在网购中成长的 85％ 用户群逐渐成为购买主力军，互联网公司凭借线上运营经验杀入传统产业，而随着越来越多的传统厂商推出单独的线上品牌，使其移动互联模式的新营销路线日渐成熟，这种竞争将日益白热化。

　　互联网金融汹涌来袭，传统的安然自得的金融机构虽然依靠其背后强大的支持力而暂时无恙，但也被迫改革与创新。尽管目前的一切新势力都并不成体系，但都在摸索中前进着，目前规模较大的第三方支付是出现得最早也是最具有代表性的互联网金融模式。金融产品的线上销售（以余额宝、理财通等为代表）虽已经开始，但还面临重重困境。另外，互联网信贷和众筹模式也初露头角，通过互联网渠道向公众筹集资金，以达到商业合作的目的。

在传统金融与互联网金融的不断碰撞中，必然需要完善一些运营上的不足，如经营漏洞容易被不法分子利用，在无法监管到位的灰色地带也可能会产生法律纠纷，而这些都是无法一蹴而就的事情，需要一个完善与跟进的过程。这个市场的整合和冲突将会继续存在。很多大巨头开始跨界联合，异域发展。但并不是说未来竞争的主流都是巨头，与他们齐头并进的还有无数涌现出的创业公司，他们各显神通，抢占市场。

原有的分界线和平衡点将被打破和重塑。在这个不分平民和英雄的时代，巨头将和创业者一起涌入江湖，平分秋色，平台不再是优势，学会打组合拳和跨界联合的优化平台才有生机。过去引以为傲的招牌需要重新开始经营，横向纵向的链条重塑汹涌而来。

重整收编并不是坏事，未来还有巨大的潜力可以挖掘。

七十四　宽，所以远

观点导读

移动互联网推动了新一波的创业浪潮，创业路上需要的是行者无疆的气魄和精神。市场是只看不见的手，自然调整着资源的优化配置。市场是随需求而动态变化的，把握市场的规律，才能够抓好这只看不见的手。创业需要眼观六路，耳听八方，需要对市场经济脉动做出迅速而灵活的判断，从而高效行动。

我曾经钟情于苹果的精致，后来偏爱大屏手机的三星。当时乔布斯坚持认为手机的形状大小应当是放在牛仔裤兜正好合适，而后当苹果也开始转变对大屏手机的偏见时，热销已成追忆。保持跋涉的习惯，才能够常变常新。

现在的苹果年纪渐长，总觉没有曾经的朝气和蓬勃，乔布斯是生于忧患之中，在茫茫大道中，不断奔跑，开创出苹果的辉煌江山。时过境迁，新浪总会把旧浪推到沙滩上。我们曾经忠实于诺基亚，我们会无比追忆，但追忆只是一种象征，我们仍会跟随市场与时尚，享用新宠。

移动互联网推起了新一波的创业浪潮，创业路上需要的是行者无疆的气魄和精神。市场是只看不见的手，自然调整着资源的优化配置。市场是随需求而动态变化的，把握市场的规律，才能够抓好这只看不见的手，投石问路。创业需要眼观六路，耳听八方，需要对市场经济脉动做出迅速而灵活的判断，从而高效行动。

我对中国移动互联网能独步全球之所以充满信心，全因中国有一大批热情洋溢的移动互联网创业者，而我们的近邻日本最缺乏的就是这批人。日本是个不宽容失败的社会，在日本，一个人一旦失败，周围的朋友看不起他，连找工作都很困难。在美国硅谷，许多 PC 都愿意投资那些失败过一两次的企业，而在日本，银行很少借款给创业企业，除了软银等少数几家风投公司，日本的风投资金公司少得可怜。日本很难找出像美国的红杉、KPCB 那些声名显赫的风投公司。

没有在路上跋涉的意志，在变化突袭的时候就会举步维艰。腾讯如果没有诞生微信，也许也会面临改革的危机。随着各大巨头选择上市或跨界合作，还会有一些英豪将倒在路上。这是物竞天择，适者生存的世界。

商业生存的砝码在于流动和行走，没有流动气息的商业文明如一潭死水，是不能成气候的。移动互联网催生了一大批新鲜的热点和行业机制，每时每刻都会有奇迹发生，如果你不走，没有人会推动你前进。沃晒紧随移动互联的灯塔，马不停蹄地赶路。落后就要挨打，明知落后却还不追赶的企业家如同生物进化史上巨无霸的恐龙，谨以化石来缅怀曾经激情燃烧的岁月。

如今，苹果 iPhone 6 开始热卖，这是行走的气魄，停滞等于死亡！

七十五　1℃ 原理

观点导读

提及移动互联网，不能不提到一个人，他叫孙正义，被誉为全亚洲对 IT 产业投资趋势判断最精准的人。他用他的"时间机器"理论准确预言了全球信息产业爆发的每一个节点。孙正义对移动互联所持有的热情是全亚洲最高的人，早在 2009 年，他的三大预言就深刻地影响着亚洲：一是每个家庭至少要有 10 个以上的移动互联网终端；二是未来手机打电话将免费；第三个预言，据说是 2014 年在广州将诞生一家以城市名片为主题的大型移动互联网公司，叫沃……什么来着？

所谓的时间机器理论就是通过对趋势的预判获得投资回报，孙正义投资的是趋势，而不是某家企业有无核心竞争力。他的策略是尽早介入，对别人弃之不顾的公司押下赌注，然后放手让伙伴们经营。也就是说，在水温只烧到 1℃ 时投下去热能，待到 100℃ 时获得 99℃ 的回报。

孙正义认为，美国、日本、中国这些国家 IT 产业的发展阶段不同，在日本、中国这些国家发展还不成熟时，先在比较发达的国家开展业务，然后等时机成熟时再杀回日本、中国，就仿佛坐上了时间机器，回到几年前的美国。这与我2008年发表的"1°C战略"营销著作的观点竟然惊人地相似。先在传统行业取得成功经验，再往移动互联网行业中全力投入，从而获取暴利空间。

有人说现在的中国市场没有暴利的行业，如果你能吃透1°C理论，你会发现赚钱是一件非常轻松而简单的快乐之旅。请看孙正义如何运用1°C原理的。他的第一份重要投资是1996年投资雅虎，占33%股份，这是看准了美国市场IT行业的成熟度。在美国取得成功后，1999年投资新兴市场，这时候遇上了阿里巴巴的马云，并投资2000万美元。同样的策略是在2008年，软银率先在日本引入iPhone3G版，在没人看好的情况下大获成功。2002年斥资200亿美元收购美国第三大运营商Sprint，这一回他是拿亚洲取得的经验改造美国的移动互联网，因为他觉得在移动互联时代，美国落后了，必须向落后地区"输出革命"。

七十六　移动营销

观点导读

企业运营的战略转型是移动营销。沃晒鼓励商户把自己的APP上传到沃晒平台，在商户之间形成用户共享，然后鼓励商户发送优惠信息广告如优惠券，引导用户到店铺消费。沃晒是移动营销的实践者，是移动互联O2O模式的创新应用者。

在智能手机时代，手机增加了精准推送、GPS 定位、手机远程支付等功能，移动广告开始出现，移动营销是从移动广告开始的。随即移动营销的概念开始形成。

以前，移动广告的功能主要是搜索，现在移动广告开始频繁在 OTO 领域发力。如用户在手机上看到信息，觉得某部电影好，可以直接在手机上预约、付费，然后去电影院看电影，实现了从广告到 OTO 的完美的营销闭环。

商户还可以推出自己的 APP，让用户通过 APP 下载，享受店铺的打折优惠。移动广告渐渐形成三种类型：第一种是给客户实惠信息，以优惠券的方式完成 OTO 循环；第二种是促进客户之间的关系，营销就是处理相互关系，在移动社区，一个客户送给另一个客户礼物，两者之间关系拉近；第三种是新品上市的免费试用体验。

移动营销正在从广告变成活动（Campaign），这一变革不仅是广告界的变革，更是企业运营的战略转型。

七十七　愤怒的小鸟

观点导读

移动互联网作为一个共享平台，其优势在于随时随地传播和接收信息。移动互联网在一定程度上打破了人们隐私的空间，但也放开了人们自由展现的胆量。不是所有的顾客都是上帝。用户可以表达对商户的愤，商户就不能表达对用户的怒吗？当然可以。一个尊重人性的沃晒向每个有血有肉的生命提供释放情怀的机会，回归移动互联的开放性和交互性。我们是一只小小鸟，移动互联来了，想飞可以飞得更高！

移动互联网作为一个共享平台的优势在于随时随地传播和接收信息。我想问大家一句：如果你出奇愤怒了，你还会在移动平台上张扬自己，共享生活吗？

答案是肯定的。但我要说的并不仅指愤怒，而是以它为代表的一系列类似情绪，及其给移动端平台带来的价值影响。不可否认的是，愤怒比喜悦更具有影响力，人们在分享与感悟悲伤、无助、孤单等负面情绪的时候，共鸣感和认同感会更强烈一些，这就是悲剧比喜剧更动人的原因所在。

移动互联网生活在一定程度上打破了人们隐私的空间，但也放开了人们自由展现的胆量。当中国好声音里那个化烟熏妆、穿怪异服装的东北女孩一炮走红后，我更加感觉到这个时代的自由和个性张扬，每个人都是一个大写的人，都可以用无比独特的视角去挑起话语权，都可以以一个不是诗人的身份写出一首极其富有个人气质的诗。社交媒体的善意出现几乎考量了人们的每一个细节性需求，我们需要沉淀心绪去工作，也需要解放心灵去生活。

人们的负面情绪需要释放的窗口，而随着移动互联平台机制的不断完善，人们越来越多地可以在这样一种但说无妨的环境里去转移和消逝负能量，这是一种积极的方式，是阳光性的愤怒。不可否认，它在某种意义上减少了人们犯罪的几率。

无论你是现实主义派的，还是朦胧派的，社交媒体的怀抱都向你张开。而且更有趣的是，你的富有公众导向的愤怒话语会使得你更容易遇见知己，找到朋友。共享消极的效果指标比积极传呼更有互动性，当别人恨的呼应与自己相迎合时，那是一种收获的快乐。

与其诅咒黑暗，不如点一支蜡烛。公共平台的共享主义就是驱散黑暗情绪的蜡烛。愤怒出诗人，愤慨也可以成为创造的种子，被激怒的人聚集在一起，可以创造愤怒艺术。不需要担心愤怒式情绪会使社交媒体话语的认可性降低，在大多数情况下是没有特别的影响，这从另一种程度讲，它也是一种消散被动、冲向积极的社会凝聚力。

七十八　移动医疗

观点导读

搞移动健康管理，必须先搞清楚两个问题：鉴于健康的话题太大，首先要明白什么是移动健康的管理范围？鉴于健康的需求太多，其次要弄明白哪些需求才是健康需求的刚需？定位越具体，操作越易上手。健康管理分为"保健""监护""医疗"三个领域，分别对应的消费人群是未病、病后和病中三类人群，对应的产业链分别是保健品及养生专家、医疗级产品设备及护理人员、药品及医生。

在中国，有一个最大的产业一直处于空白状态，那就是移动健康管理服务平台。这个产业不会受当前移动技术的任何影响，完全可以迅猛腾飞。

在中国的医疗体系下，医生之间的贫富悬殊很大，知名老医生多收入很高，年轻的、不知名的医生却相反。把那些大量的年轻医生组织起来在一个大平台运营不好吗？千万不要创业时这么做，组织严密的医院会千方百计抵制这些新事物。保健品市场是一个鱼龙混杂的非刚需市场。我们的新公司从哪里入手呢？

从病后市场切入，既不和医院竞争，又是消费者的刚需，是起步的好地方。只要和一家巨鳄级医疗器械企业合作，就可以打造一个以获取用户信息为主要目的的移动平台。用户只要把个人信息和每天的活动输入到自己的手机里，这个平台的后台设备就可以自动生成健康指导数据，并在一秒钟之内传送到用户手机上，告诉用户需要吃什么，用什么，此时就是产品营销的机会，当然，也可以只做平台，不营销产品。

从小处切入的目的是从大处着眼，以移动互联的大数据倒逼医院改革。

这是一个美好的时代，所有的梦想都有可能实现。

七十九　暴风雨来了

观点导读

在暴风雨来临之前，一定是没有准备的物种先倒下，一如移动互联网时代的到来，未来打败你的不是移动互联网，而是你不接受移动互联网。暴风雨来之前，往往有预兆，问题是对于守旧的人来说，总觉得来了再躲也不迟。这恰恰是暴风雨最容易摧毁的模式。

　　今天天气预报说，41 年不遇的大台风即将登陆广东。坐在阳台上，守候着暴风雨。这如同移动互联网，从改革开放的前沿广东登陆，横扫全国。

　　有四个行业将处于这场暴风雨的中心，即银行、建材、家具、金银首饰业。这四个行业是过去十年最风光的行业，大资金，大场面，大手笔，富丽堂皇，金光耀眼。但它们却即将处于暴风雨的中心。

　　貌似坚若磐石的银行怎么会处于暴风雨的中心呢？银行本身不产生任何价值，但 2013 年中国银行业的利润总和超过所有民营股份制上市公司利润的总和。这意味着所有企业都在给银行打工，但赚的钱到还不够还银行贷款。互联网金融开始了对银行业的冲击，但最强的冲击是四十年不遇的移动互联网金融暴风雨。

　　再如建材市场，每个城市中最大的市场建筑群一般都是建材市场，建材市场里面的每一家企业都投资不菲，他们把这些投资均摊到进销差价里。这种靠"坪效"赚钱的模式无法抵抗互联网靠"人效"赚钱的模式。未来比 PC 互联网人效模式更经济的是移动互联厂家与用户点对点的模式，省掉仓储，没有任何中间环节。

八十　小苹果

观点导读

移动互联网虽然具有一种颠覆的力量，但它是理性颠覆，而且特别温柔。移动互联理性颠覆表现在它不是与所有行业所有业态为敌，而是选择那些落后的、不生态的或者是不人性的行业，甚至通过O2O模式帮助线下店铺转型以保持活力。它温柔的一面表现在暴风雨来之前，给你充分的预报并请你做好与之合作的准备。

"我种下一颗种子，终于长出了果实。今天是个伟大的日子，摘下星星送给你……"，这是2014年最流行的一首歌《小苹果》的歌词。初次听到这首歌，我大为震惊，因为这首歌和中国移动互联的起始精神如此吻合。

我曾经经营过果汁饮料，在发达国家的早餐餐桌上，苹果汁是必备的。早餐饮苹果汁，只因它营养全面而且很温和。

苹果很普通，和人类互相依存了几千年，温和而有力地为人类提供养分。

作为中国第一家大型移动互联网的沃晒模式，提出了"小草精神、志愿者行动、信善和理念"，与小苹果精神如此惊人的不谋而合，让人感叹世间真有相通的灵犀！

　　种下希望就会收获，你是我的小啊小苹果，怎么爱你都不嫌多……

八十一　悦想时代

观点导读

　　移动互联网将改变一切，出版业将被颠覆。人人是作家，分享靠大家的社区学习模式涌现出来。移动互联网把学习分成 N 类社区，不同兴趣、不同基础、不同背景的人组成移动课堂，全国最优秀的老师、最杰出的专家以生动活泼的方式演绎着经典文学、哲学或物理、地理。时尚歌手也加入社区，休息时音乐一段，书法家即时在线秀笔墨，不需要纸和笔。移动带来学习的兴趣，互动带动了经典作品的普及，数据不再枯燥无味，呈现悦读艺术之美。

　　出版业的困境是它们既是文化的传播者，又是企业化的竞争者。生存是它们的第一要务，利益就成为它们永恒的追求。

　　移动互联网可将学习变得更加有趣，带动了经典作品的普及，数据变得不再枯燥，呈现悦读艺术之美。这就是我说的悦读时代音。数据是什么？大部分人会说，数据是一种类似电子表格的东西。这只是说明了数据存储的方式和数据获取的办法。数据是现实世界的艺术快照，数据所暗示的关联和规律，可通过生动的解读使人爱不释手。

不把数据解放，不让人们爱上它，是不可原谅的错误，全因我们即将生活在大数据时代。

出版业的终极目的是"学习"，移动时代的出版才回到出版业的原点。

那将是一个多么美好的时代！时尔好学之，学尔好悦之。读书快乐！

八十二　人人时代

观点导读

移动互联网正在迸发前所未有的活力，一切静态的信息与不对称的产业都将被移动互联网严重冲击。

在移动互联商业化过程中，"平台＋入口控制"的主导权模式争夺战即将上演，当所有的资金、技术、资源在此集中时，作为移动互联网赖以生存的用户却被边缘化，成为看客。

什么时候才能把用户当成人，而不仅将用户设定为盈利的基础？

一个将人性阉割和忽略的移动互联网将是一个怪胎。我担心当前的发展趋势，我担心一幕大戏拉开幕布后，发现制片人是主演，那些伟大的演员——人民，被从戏院的后门赶走，院子里高朋满座的是银行家和夸夸其谈的人。如果这样的景象的出现，对移动互联网来说，是毁灭性的失败。

移动互联网的核心精神是"人人"。这两个字含义甚广，既有人人平等之精神，也有人与人自由交互之行为，更有"人人为我、我为人人"之价值观。人类为这一天的到来等了数千年！

可怕的商人们把这项开天辟地的移动互联网商业搞得像战场一样，硝烟弥漫。"智能手机＋应用商店"的苹果模式，阿里与新浪的"微博淘宝版"模式，腾讯凭借 X5 内核浏览器生成的 HTML5 技术，给每个人开发出 HTML5 APP，还是纯粹的商业化，腾讯的微店无非是个人主义商业化战胜淘宝的大物流大资金的尝试。

BAT 的任何一个巨头，都力图以自己的核心技术构建一个完整的移动互联网生态体系，通过"入口＋平台"进一步强化对用户的控制，再导入各种服务实现盈利。

过去二十年，中国的消费者一直处于产业链的弱势地位，移动互联提供了改变用户弱势地位的机会。不要以控制为主导方向让平等的精神渐微，别奢望 BAT 救赎，让我们自己拯救自己吧！

八十三 谍影重重

观点导读

移动互联网会不会被"僵尸"毁灭？病毒会不会入侵隐私毁坏我们的家园？在移动互联网开山元年，提出这样的问题可以说是及时雨。僵尸现象是垄断数据挖掘权的产物，根源在于平台应用商店游戏规则的逐利性。应用排行榜是一大发明。由于榜单有限，花钱买推荐是避免沦为僵尸的途径。可怜的用户由于数据挖掘权被剥夺，只能通过搜索这一条路走下去。路边到处都是商业陷阱。

所谓的"僵尸应用"主要是指移动应用商店中那些从未被下载过、没有任何用户评价的 APP。

苹果 APP Store 有 2/3 在沉睡。Android 应用商店中办公商务类应用有近 50% 下载次数不超 100，80% 的软件从未有过用户评价。

这条道路的凶险还远不止路边僵尸横陈。手机预装软件趁火打劫，其泛滥成灾的程度空前惊人。艾媒咨询权威发布的《2013 中国智能手机预装软件用户调查报告》显示，80% 用户新买的智能手机含有 15 个以上的第三方预装软件。而且预装软件无法卸载，耗电、耗流量、耗话费，严重侵犯了用户权益。

如果说预装软件是明抢，那么移动病毒算是暗劫。移动互联病毒已经形成一条由手机厂商、运营商、代理商、经销商和刷机商共同组成的通过预装软件进行黑色病毒入侵的产业链。多么可怕！一款新的 APP 进入应用市场时，"二次打包党"只需对软件进行破译、反编译，加入病毒就可以达到广告、吸费、跑流量、上传个人隐私数据等的目的。

我提醒风险是为了移动互联的生态建设不被打乱。预见与警惕风险也是发展。

八十四　信用管理

观点导读

有人问我，PC 互联网和移动互联网有什么区别？答曰：PC 互联网依赖的是信息，移动互联网依赖的是信用。在移动互联时代，一个人常常不守信用，说话不算数，承诺不兑现，将是毁灭自己的最好武器。移动互联的信用管理不同于印象管理是基于以下原理：在人际关系中，强关系会更强，弱关系会更弱，处于中间未被激活的部分将向强关系靠拢。

信用能产生安全感。

微信是搭建在河两岸的一座桥，一边是 PC 互联网，另一边是移动互联网。现在我们正好路过这座桥，你在桥上看风景，我在桥下看你。此时此刻你如何适应自我印象管理时代？晒隐私、晾美照、自恋狂、表现癖，这些都是微信以自我呈现的自媒体舞台的剧情。

我不奇怪你的表演。但我知道，表演者往往会隐藏他的理想自我与理想化表演不一致的活动、事实和动机。传播者发布的都是他有意要发布的，不想展示的内容早已通过自我把关机制过滤掉了。因此，在信息不对称的情况下，对表演者的性格、品质过度信赖，造成认知误判的概率接近100%。

不必大惊小怪，这种自恋文化恰恰是移动互联到来的前奏曲——用户从印象管理到自我信用管理。微信时代，用户需要精心截取自己生活中最美的片段来构建一个理想中的自我印象。"你并不是你假装的那个人"是微时代人们对自我认同的渴望。

移动互联更依赖一个人的信用管理。在移动互联时代，一个人老是不守信用，说话不算数，承诺不兑现，将是毁灭自己的最好武器。这样的人不仅没有生意，更没有朋友。所以从现在开始要养成自我约束、自我信用管理的好习惯，不然你无法适应未来。当骗人和不守承诺般的信口雌黄成为习惯时，你就自绝于未来。

八十五　新东方进化论

观点导读

未来替代 PC 互联网的是移动互联网。对于传统企业来说，移动互联网是传统企业的进化器。

在线教育会颠覆新东方模式吗？这是今年教育界最热的话题。

2013 年以来，新东方的俞敏洪一直感到不安。左邻右舍都是在线教育模式的挑战者。BAT 三巨头纷纷推出自己的在线教育平台，传课网（百度投资）、淘宝同学（阿里）、腾讯精品课，创业型教育平台更是数不胜数，其中一个叫 YY 李学凌的值得关注。

当 YY 发现新东方教育收费比较高的考试强化班，其成本并不高时，要用互联网使之成为免费平台。这些互联网企业正在打造一个利益重新分配的价值链，资本市场也乐观其成。

我佩服老俞专注于教育的勇气，但不觉得他找到了破解 YY 李"颠覆新东方"的反破解办法。老俞不断放话证明新东方公司业绩表现不俗，恰恰说明他的害怕。为什么 BAT 三巨头都来入侵教育领域呢？至少说明两点，一是新东方模式老了，二是教育市场大得惊人，否则不可能这么多人惦记着。

互联网颠覆新东方能够成功吗？我倾向肯定答案。新东方能够反颠覆成功吗？我也倾向于肯定。老俞应该想一想，什么东西是互联网的替代呢？如果能找到替代互联网的新式武器，就可以趁目前的在线教育尚处于实验阶段而一举毁灭入侵者。与其等着被颠覆，不如拿起武器。

显然，替代 PC 互联网的新式武器就是移动互联网。前提是新东方乐意接受移动互联网。

相对于 PC 互联网，移动互联更具有"开放，人性，进化"的属性。PC 互联网强调免费模式打垮收费模式，移动互联网在给予收费模式一定程度的肯定的同时，更注重产品的培育，在精致产品的发掘中，新东方更具资源优势。精致的产品，让人彻底兴奋的流泪的服务，使用户觉得占到便宜的策略，点到点的移动平台化设计，怎能不让进入教育领域的 BAT 巨头颤抖呢？

八十六　万科进化论

观点导读

王石有两个针对互联网的著名观点，一是，你不是被互联网所淘汰，而是被不接受互联网所淘汰。二是，实业公司的市盈率不超过 30 倍，互联网企业市盈率可超过 1000 倍。持完全开放的态度，才能实现传统地产和移动互联的无缝结合。

在万达之辈抗拒互联网的时刻，王石能发出如此深刻的观点，足见他不仅仅代表地产业良知，更说明王石不老。在移动互联网把 40 岁以上的高端用户拉进互联网之后，以互联网思想改造地产业将成为可能。

传统地产业靠什么赚钱？主要靠个人消费者无法做到的社会专业化大分工和屏蔽关键信息造成的信息不对称赚钱。

未来，这一切会改变。用户完全可以以众筹的方式建房，从选址买地开始。用户通过网络发现信息，万科平台发出众筹讯号，把众筹资金打到具有保险功能的监理公司，由他负责和万科网络推荐的建筑设计公司对接监督实施。一切透明操作，从初始选址到建设再到装饰，一切为了节省用户时间——用户只要通过手机就可以买到自己出资建造的房子。

透明和效率就是移动互联精神——"开放、优化与人性"。只有开放才会透明，有了透明才会与用户合作；合作是一种与用户优化关系的手段和态度；人人都是建筑师，人人都是地产商，人人都是装修设计师，就是人性的回归。只有顺应人性，以优化关系为前提，持完全开放态度，才能实现传统地产和移动互联的无缝结合。

祝愿万达万科携手移动互联能够改变行业的颓势。

八十七　老字号进化论

观点导读

时代为你关上了一扇门，上帝却为你留下了两扇窗，一个是品牌，一个是移动互联网。中华老字号普遍具有如下共同属性：第一是社会价值观以诚信守法为核心。在快传播快连锁的快消费时代，必须有一种传播工具渗透与诉求老字号的理念，才会被更多人所了解与接受。第二，老字号更多留在当地人记忆里，外地人很少人了解。沃晒以打造城市名片为宗旨，唤醒沉睡的老字号义不容辞。

　　当我看到出国的人像潮水般涌向欧洲百年品牌店购物时，我很痛心，我们在国内一分一分积攒下来的钱就这样只要一秒钟就花完了，为了自慰，我们说人家那是百年品牌啊！殊不知，我们国家的百年品牌比西方国家加总在一起的总数量还多，且历史更悠久。

　　令人揪心的是代表中国老品牌的中华老字号们活得不好。非常有活力者仅占10%，惨淡经营者占20%，长期亏损者占70%。中华老字号主要集中于餐饮、医药、食品加工、文玩收藏等领域。它们一直坚持传播中华文化中的闪光点。

　　我曾经对六个中华老字号和六个国际品牌做了五年的跟踪研究，它们分别是王老吉、黄振龙、同仁堂、恒源祥、大白兔对可口可乐、百事可乐、耐克、阿迪达斯、强生、麦当劳。我发现中华老字号品牌老化、管理不善、体制缺陷、经营乏善可陈等，这些因素我无力改善，企业内部员工也无良策。

　　中华老字号普遍具有如下共同属性：第一是社会价值观以诚信守法为核心。在快传播快连锁的快消费时代，必须有一种传播工具渗透与诉求老字号的理念，才会被更多的人了解。第二，老字号更多留在老年人记忆里，年轻人很少知道，但现在主流创业群体正是这群低调的屌丝，所以，必须有一种新媒渠把老中青三代人组合在一起，让老年人讲述他们真实的消费体验，唤醒年轻人的购买欲望。第三，低成本属性，市场营销不能花太多钱，不管是现在众筹模式，还是以文化卵生的产业链，他们共同的基底是低成本，而且要保证高收益。

　　所有这一切不就是移动互联网才有的属性吗？以实现"一座城市，一个APP，一种生活方式"为宗旨的沃晒商城终于在万众期待中上线了，它力主打造城市名片，精选城市中的令人尖叫的产品，老字号就是其中的一个尖叫系列。

老字号，醒来吧，你等待的机会终于出现了。

八十八　家居进化论

观点导读

家庭是社会的细胞，其蕴藏的市场容量和关联能量将惊世骇俗！家庭终端是格力电器、海尔电器运用移动互联网的方向。在智能家居时代到来之前，给电器预留内置芯片位置，至少要先给电器内置 WiFi。

未来的家庭，将出现这样的情景，在你下班回家的路上操作手机，家里的电器就开始运作：煲汤程序启动；煮饭电器启动；窗口自动打开通风迎接你回家；甚至你最喜欢的音乐在门一打开的刹那间缓缓播放……

这就是传说中的智能家居吗？并没有花太多钱投资家居，家里却如此人性化。

智能家居是物联网技术的第三大应用领域，与智能家居密切相关的智能电网是物联网技术的第一大应用，支持它运营的就是移动互联网络。

面向移动终端的远程智能控制和应用所需要的硬件和软件均已具备，问题出在缺乏统一的通信接口和协议标准，由于条块分割的历史原因和利益分配之争，导致它们相互之间不兼容。例如，家里的电视机归电信管，移动通讯归中移动、中联通管，因此存在各种家用电器的协议标准不统一等问题。

要解决这么复杂的问题，必须找到牵一发而动全身的突破口。这个突破口应当是建立一个基于家庭控制性软总线，即面向移动互联网的智能家居组网，从而实现信息共享，通过协议实现原本不兼容的各要素之间的多媒体应用。

第五章

沃晒实践

章节导读

生存是一种智慧，十二生肖中的动物对于生存智慧的表达各有千秋，比如子鼠的眼光、丑牛的实在、老虎的气势、兔子的机敏等。沃晒实践中，沃晒人需要深谙动物之道，以智取胜。在合作上，学习未羊持之以恒的客户服务意识；在管理上，学习猴群的团队组织力；在思想上，学习午马奔腾的创新精神……本章的沃晒实践指导篇，一起向十二生肖的生存之道取经。

一　子鼠眼光

在动物中，和人类关系最不融洽的可以说就是鼠，但它却是生存能力最强的动物。

为什么鼠的生命延续能力最强？我们总是说"鼠目寸光"，鼠的视力很差，但是鼠的优势在于，它是个储蓄专家，每当天气好的时候出去拼命找食物，但并不把食物吃完，而是储藏起来，以备不时之需。

鼠，虽然不能像雄鹰那样鹰击长空以宽广的大地为生存依托，但鼠生来会打洞，这是它们的长期生存之道：深挖洞，广积粮。

鼠之道，人类需要学习之。在这几年中国经济结构调整时，你所处的行业是否深受影响？

在找不到新希望之前，你还要在本行业追加投资吗？

在通胀压力下的储蓄存款深受影响，你愿意自己的存款被贬值吗？

在互联网的时代背景下，你愿意被淘汰吗？

实际上，开淘宝店，做网站推广，盈利者寥寥，而 PC 端的任何互联网形式都可能被移动互联网颠覆。

有一条大道，光明而且有巨大前途，就是移动互联。移动互联是大势所趋，但是从哪里入手呢？如果看完这 12 篇沃晒实践指导性文章，你的眼前会一片光明。

二　丑牛价值

牛可以说是和人类相亲相爱、合作最好的动物。牛可耕地，踏踏实实，一步一个脚印；牛肉可食，且营养价值极高；牛皮可制作成包包。牛的全身都是宝。

牛如此切合人类之需要，在长达几千年的历史中，人类极尽所能地保护它，饲养它。

因为互补所短，所以相互需要。补所短，扬所长，合作才有可能，才有长期合作。

移动互联网领域之间的合作，可以取长补短吗？首先让我们分析你的现状：

（1）你深深热爱你所在的城市并有一定的人脉，其中多数人都是在新市场形势下找不到方向者。

（2）有百万左右的投资就可以进入一个朝阳行业，太多的投资就不值得。

（3）你所在的城市还是移动互联网的空白市场。

（4）你所在的城市有大学生就业的压力，移动互联是年轻人的领域，何不用之所长？

我们知道你需要什么：

（1）移动互联技术平台沃晒应用技术能让你把当地最优商户产品和服务上传到移动互联网。可以省去你开发设计之财力、人力和时间消耗。

（2）沃晒具有广泛的号召力，在高端培训和咨询界一直处于领先地位，这种资源是花钱也买不到的。互联网需要一个英雄，打造一个英雄需要十年，何不利用好这个资源？

（3）沃晒提供统一的商业模式，包括大活动组织、免费与收费模式、用户快速聚集模式。你只要完成简易的执行环节即可。

（4）我们可以把全国所有子公司的客户通过平台实现互联互通，实现子公司之间"人人为我，我为人人"的聚集效应。为广大客户和用户实现价值最大化，单纯一个城市的是缺乏竞争力的。

最重要的投资理由是，投资款100万元放在你的账上，你没有交给我，你有完全自主权。举个开玩笑的例子，牛不愿意待在人类为它建造的牛棚里，但是过过野牛的生活才知道野外环境的恶劣，从而再次确认取长补短的合作价值。

三 寅虎之势

老虎可以说是最凶猛的动物。老虎下山，虎虎生威，人都惧怕。

我观察老虎扑食，发现最厉害的是它扑向猎物那一瞬间的力量是不可思议的大。很多动物在老虎扑向面前的那一刻不是被打死的，而是被吓死的。这就是老虎的生存之道。通过长期观察周围的形势，耐心寻找扑杀的时机，最后在高高跃起的那一刻，让猎物无处可逃。

大家都惊讶于老虎瞬间的扑杀力，却看不到老虎为了这一刻做足了准备。它忍饥挨饿，四处奔波，屏住呼吸，如此这般积攒势能才能一举成功。老虎不轻易出手，常常蓄势待发，而不像见一个就想抓一个的猫。

耐得住寂寞去积攒势能的老虎原理，就是沃晒子公司的行动指南。投资子公司六个月之后能赚到钱，靠的是扎实的功底。

互联网有一个规律，叫"要想成功，必先自宫"。什么意思？就是叫你把自己的弱处彻底刮干净再去面世。在你投资的这六个月之内你需要做如下认真的准备：

（1）去工商按程序注册。找办公地址，招聘新员工。大学毕业生是第一选择。

（2）不要把招聘总经理列为首项工作任务，更不把自己信得过的老部下直接任命为总经理。最适合的总经理一定是经过至少三个月的观察、试用从新人中诞生的。

（3）把招聘的人分成三个小组，即招商组、信商团管理组、策划文案组。每组只设组长进行观察磨合，15人最佳，便于淘汰1/3。

（4）让新员工通过总部网络下载基本资料，每个岗位进行自我定义，并开始运作，在运作中慢慢成熟。这期间总部不断召集全国各地总经理开会、培训、总结、提高。

（5）当子公司所建的信商团即用户群过万人，免费入住的特色产品商户达到10～20家时，可考虑向总部申请召开一场为期一天的论坛。论坛采用众筹模式——让商户带商户，信商人带信商人，上午论坛，下午商业合作洽谈。

（6）每月组织一次线下论坛，现场帮助商户线上成交，利用排行榜的吸引力促进交易量成长。

（7）把管理工作进一步理顺。注重奖励的分配方案需要各子公司根据总部文件修改使用。

（8）前三个月的任务是准备准备再准备，后三个月的任务是活下来争取盈亏平衡。从第七个月开始稳定盈利的。

怎么才能盈利呢？我们的商业模式有哪些与众不同的特点呢？

四 卯兔策略

兔子可以说是最机敏的动物。

这个毫无攻击力的动物是如何生存下来的呢？它有两条生存法则：狡兔三窟和兔子不吃窝边草。

狡兔三窟容易理解，为何不吃窝边草呢？这就是兔子的智慧，先吃远草，使竞争者无草可吃，实在没得吃时，再吃留下来的窝边草。

各位想和沃晒合作的伙伴一定急切地想了解沃晒的商业模式，究竟它是怎样让子公司从第七个月便开始持续盈利的？在解密之前，必须了解什么是沃晒子公司的窝边草？为什么它们是不能随便吃的。

（1）一旦子公司成立，马上就有技术公司找上门来，推销他们的技术，其目的是获取我们的资源。如今很多技术公司沦为忽悠者。

（2）和第三方的合作要谨慎，避免被人利用，掉进第三方设计的圈套。如2014年7月初总部和深圳一家培训公司的合作，他们无偿利用我们宝贵的讲课资源却只顾卖自己的产品。

（3）避免短期合作方式，争取和当地城市的第三方形成稳定合作伙伴关系。如工商联、协会、口碑好的培训公司。需要提醒的是千万别寄希望于第三方。协会通知来的客户基本上都是公司的文员，企业家一般不会亲自参会，所以协会的价值不是很大。

有一条值得重视，由于我们打造的是城市名片，自然是政府扶持的重点，所以起步时拥有政府部门的推荐很重要。

靠人不如靠己，深练内功，以内为主，兼顾整合。

五 辰龙之舞

龙的威力是最大的，神龙见首不见尾，龙是中国人的图腾。

中国龙长相凶猛，却很善良。它根本就是在空中，但它又是实实在在地存在，在每个中国人的内心世界，龙行天下是每个人的梦想。一如移动互联网，发源于美日欧，但被中国人走在了前面。在不远的将来，中国龙迅速腾飞将成为可能。如今龙的子孙遍布全球每个角落。沃晒提供了让龙腾飞的城市机会，我们和其他网络公司最大的不同是我们移动界面的设计思想和我们给商户用户带来的独特价值。

（1）按城市划分的界面设计，既保障了一个城市的独立完整性，又让全球用户消费该城市具有代表性的精品。用户还可根据消费习惯，自定义哪些城市靠前，在出差前一天设置也不晚。

（2）沃晒的商户界面都是经过策划设计优化过的移动窗口，可以说沃晒是装修队，化繁为简提炼出令人神往的产品卖点和广告艺术。积22年策划经验之优势，具有任何一个互联网公司无法相比的独特价值。

（3）用户为什么来沃晒消费？原因有三：一是我们是信商，每一个商户我们都实地调研过，其质量和诚信度过了沃晒这一关才会呈现给用户。二是我们是点到点平台模式，这就意味我们上传的产品没有第三方中介费，理论上是全球最低价。是老老实实的价钱，不坑人。三是我们要求企业上传的产品一定是最具代表性的产品，和沃晒之间有互相排斥第三方的独特优势。只有沃晒有，将成为一大亮点。

六　巳蛇曲行

蛇的爬行最有特色，蜿蜒曲折，但拉直后是一条直线。这是否说明弯曲是一种生存的智慧？突然想起当年红军的长征也是蛇形路线。

互联网商业模式的关键是选择商户，还要有令人尖叫的产品支撑，沃晒能做到极致。而要把一个城市中所有令人尖叫的产品短时间内一网打尽，是不可能的。一定要有弯曲蛇行的智慧。

（1）把招商部的十个人分成三十大行业的猎手。每人负责三个行业，便于他们成长为各行业的小专家。

（2）最简捷的方式是联系所辖行业的专业协会。

（3）说服协会会长推荐三十家以上商户，每个商户所在细分行业至少再推荐三家。

（4）先免费上传有直接竞争关系的两家商户产品商息。通过运营观察谁和沃晒合作融洽。

（5）最佳合作者出任信善和子公司特使，教给他聚人气的方法，使之认同公司理念。

（6）运营一段时间后动员他升级为总部推荐产品，上总部网站头条，子公司网页呈现时前置，再加上总部策划团队优化页面。这三项合计，客户只需要投资 9.9 万元，不再收取任何交易费。

（7）注意，9.9 万元是客户的对自己的投资，期限为一年，一年内如果赚不回来，第二年可以选择继续或者退出。如选继续，第一年交费 9.9 万元剩余部分可计入第二年的 9.9 万元年费；若选择退出可把 9.9 万元剩余款项拿走。

这里有两个规则，一是即便是固定收费 9.9 万元的客户也需要签署交易费 6% 归沃晒的协议。交易费超过 9.9 万元的部分，沃晒不收交易费。第二个规则是，若没有交易额就退出，要扣除 33% 服务费，因为服务已经发生。

（8）员工提成奖励可初定 20%，其中招商部人员 10%，管理组、文案组分别为 3%，总经理奖励基金提取 5%，总部提成 10%，这样子公司获利 70%。

如涉及与第三方合作，除第三方和总部提留之外，按照剩余基数执行子公司内部提成机制。

（9）一般协议客户产生的交易费，总部不参与提成，可与第三方长期分成。子公司总经理可按照子公司月度盈利的 20% 拿出来奖励团队。由于一般协议客户的交易费是财务账面的实际收入，其盈利也是可支配的，所以总部和子公司投资人参与分红。沃晒要创造出月月分红的局面，这样才能调动各方面的积极性。

（10）2014 年年底之前，全国子公司使用统一的财务软件，使奖励透明化。只有透明才公正，各个合作方才会放心大胆地投身工作。

七　午马奔腾

马儿最吉利最受人类爱戴，可用可赏可玩可伴。

万马奔腾是繁荣富强的象征。马到成功是人类追求的最高商业境界。

一马当先意味着勇敢者的创新。

（1）先养草后养马的策略——先用户后商户。

子公司是靠不断招商获利，招商成功是有条件的。让子公司的管理者们先行一步是成功关键。先建信商团，使子公司和任何人谈判都有底气。从1万元到10万逐级发展信商团，就等于发展沃晒的注册用户。

（2）强化总部权威，共推一个英雄的攻略。

收取客户固定费用9.9万元模式对子公司现金流很关键。虽然这笔款项财务记账是不算营业收入，只能挂账处理，但它的意义重大，使客户坚定了只和我们一家合作的决心，使后来竞争者处于不利地位。做好这一条，前提是塑造总部形象，共推一个英雄——移动互联网基础理论奠基人。千万不要在任何场合包括私下场合说总部的坏话。毁总部就是毁自己。这是9.9万元产品的成交的基本前提。

（3）把客户分类管理，固定收费和协议收费是基本模型。固定收费是指从协议客户中收取固定交易费的基本原则。这两类客户可理解为"一般服务"和"特殊服务"。

（4）在互联网商业模式中，客户前置对客户的成交量非常重要。排名前八家的为特级合作伙伴，排名前十六家的为一级合作伙伴，其余的按照销量排名而设置。特级和一级合作伙伴除了是9.9万元级客户之外，还必须是有重大贡献者，如每月论坛带来的用户最多、主动协助成交其他客户、愿意分担会务部分费用者或成为会务志愿者。特级和一级合作伙伴择优录取，每月更换，除非客户月月给子公司额外支持。这样激励100家以上客户，就可形成你争我赶的竞争格局。

（5）总部级合作客户在总部界面呈现时，采用每日一换的政策，以保持用户搜索的新鲜感，并兑现我们的承诺。

（6）美女，趣闻，屌丝这三个要素必须在沃晒总部和子公司APP网页每周更新一次，直到每天更新。如总部APP网页在7个商户出现之后，就会出现一套美女组图，让用户养养眼。用户又看完7、8个商户之后马上是趣闻组图。如此形成沃晒风格，当然还有信币救援超市。

八　未羊绵暖

大型陆地动物中，羊的攻击力可以说是最差的。羊是特别温和的动物，与所有动物相处甚欢，就连牧羊犬都可以是它的主人。如水般的柔，如草般的软，练就了羊的生存智慧。

在企业经营过程中，有两个要素决定员工工作的积极性，一是公平合理的分配政策，让员工为成交客户而尽心尽责；二是如羊似水般的企业文化，使员工感到温暖与真情，让他们以公司为家。刚柔并济的管理思想是子公司开设之始第一步落实的关键，必须设计好。

（1）移动互联精神——开放、人性、进化。

这是沃晒独特的认知理论，也是沃晒移动互联基础理论的三大基石。开放是根本，人性是属性，进化是特征。本书是按照这三根支柱而命立。

（2）小草精神——清零、平等、分享。

每一个来到沃晒公司的人都要先把历史清零，成功与失败都成过去，只有历史清零才能平等现在，所以子公司的办公环境尽量突出平等这一个主要特征，如不设总经理办公室，只设洽谈室。所有的工位均可移动，以便于早晨起来开晨会，晚上开晚会。晨会讲工作理念，晚会讲工作方法。

（3）信善和文化理念。信生善，善生和，和生财。每个员工在每天早上的晨会必须讲述如何理解公司文化与理念，如何与客户互动。

沃晒子公司是低成本运作的高手，是家文化的倡导者，是集文化传播与移动互联属性为一体的文化公司。只有凭自身实力，才是成功的保障。

九　申猴团队

猴子大概是所有动物中最富创意、最有组织纪律者。猴子一般为群居，组织严密。

把猴群的团队建设学习过来，把国际上先进的团队管理的经验借鉴过来。沃晒团队的组织纪律性如下。

（1）所有子公司财务必须接受总部领导，总部对子公司财务人员没有任命权，但拥有否决权。发现不合格者，可能影响到全局利益时，提出免去其财务工作职务，在 30 天之内子公司必须重新任命新的工作人员。如没有合适人选，总部将委派财务人员。

（2）子公司经理的否决权也在总部。在正常情况下，每月月初的全国总经理会议不得无故缺席。子公司所交纳的管理保证金的主要用途就是保证总经理和财务系统在总部的领导之下。数字化管理将引入沃晒。一切以数据说话。

（3）契约精神。遵守公司规则是子公司从申办到执行过程中必须坚持的。城市申办订金、城市申办费、9.9 万元产品升级费 1 万元、交易费发生后的银联 1% 手续费等合同约定均免张尊口谈退款。要求子公司对待客户也要坚持契约精神。

之所以如此严肃纪律，就是不想成为当年的国民党军队，各自为政，最后被各个击破。沃晒要学共产党的部队，不管从哪里来的，统统纳入统一标准化管理，没有亲疏之分。

十　酉鸡之鸣

鸡在属相中代表"富于幻想，行侠仗义"的唐吉诃德式的人物，属鸡人自认为是挽救世界的"无畏的"英雄。

其实，鸡的特征是外表看似激进、自命不凡，而内心却保守、拘泥于传统。属鸡人的性格基本分为两类，一类人爱好闲谈，总有不少闲言碎语，脾气火爆。另一类人洞察力强，善察言观色。这两种性格的人都很难处。

属鸡人如果出生在虎支配的破晓时分或黄昏时辰，就会有唠唠叨叨的特点。更糟糕的是属鸡人往往夸夸其谈，却言之无物，没有任何有意义的正经话题。出生于夜间的属鸡人恰恰相反，过分严肃、保守，不善于交际，对人冷淡，像个书呆子，甚至脾气古怪，难以捉摸。

这并不是说沃晒不和属鸡的人合作，这里只是论述一种现象。在沃晒初期最好不与以下几类人合作：

（1）总是情绪冲动，总是冲动后再后悔者。

（2）负面情绪极大，总是夸大自己的作用者。

（3）总是挑战总部地位，以显摆自己者。

（4）没有契约精神，有失信记录者。

（5）拉帮结派，不能照顾全局者。

（6）不守诺言，不履行承诺者。

上述人士，要采用躲避原则，千万不要把他们放在重要岗位上，更不能作为战略合作伙伴。子公司在经营过程中，也不要把具有以上特征的客户进行升级。

你无法让一个正在吃奶的孩子去啃那么硬的骨头。

十一　戍狗卫兵

狗大概是人类最好的朋友。全因狗会处关系。

狗年任何一个季节出生的人都会生活顺利，一生中不会缺少生活必需品。属狗人有"愤世嫉俗"的美名，但属狗人的性格又有很固执的一面。即使属狗的人力量减弱了，眼睛昏花了，也仍然是忠诚的战士。

属狗人的精神已经这样被铸成了，属狗人厌恶道德的堕落，不管在什么形势下都会起来与恶势力抗争，一旦什么地方出现呼救信号，属狗人会全力以赴。

属狗的人是非常保守的，生性小心、谨慎，所以要与他成为亲密的朋友的话，必须花费一段时间，不过一旦他认定了某人之后，便会真心诚意地保持一定的关系。

我不是星相学专家，也不是心理学家，我只是想借十二生肖的特征来提醒我们的合作伙伴应该注意的关键问题。

（1）收入即债务。这句话是我提出的。意思是说要把每一块钱收入记入经营债务之中，常怀感恩之心，做客户的忠诚卫士，做客户的一条狗的精神是必要的。

（2）管理者首先要有狗的精神。除了精心守护着公司，防止外敌入侵。要做员工的一条狗，守卫员工的正当利益就是守护公司的品牌形象。如此这般，员工才能以公司为家。

（3）面对邪恶，要敢于挺身而出。采取行动化解领导的错误。发现错误是水平，解决问题是能力。

（4）行胜于言。世界上最好的榜样是领导者的身体力行。信善和的理念要想推广，领导必须自己先做到而不是说说而已。客户不是因花言巧语，而是被沃晒人的精神所感动的。

（5）狗最重要的品质是持之以恒。假如你业务能力不行，口才不佳，你也照样可以成为营销高手，因为营销高手都是被客户拒绝 100 次以后，还会去第 101 次。沃晒人就是靠着精神和毅力获胜的。

狗是最佳营销员，是最佳管理者，是最佳合作伙伴。

十二　亥猪飞翔

猪大概是所有动物中最善于藏拙的智者。属猪人在人群中属于朴实无华之列，属猪人性情温顺，永远不会做"置人于死地"之事。

属猪之人不吝啬，喜欢同别人分享自己的所有。这样，在属猪人为别人付出时，自己也会从中受益。另一方面，属猪人的精神世界较不敏感，甚至对别人给属猪人的侮辱也只是不在乎地耸耸肩。也许正因为这个特点，倒使属猪人在本应极痛苦的时候解脱出来，属猪人从不把灾祸看得过重。

属猪人看起来容易受骗，但实际上比人们想象得要聪明。属猪人懂得用容忍的态度保护自己的利益。当有人骑到属猪人头上，属猪人还会再主动递上一条鞭子，当对方自鸣得意时，却早已骑虎难下，不得脱身了。这实在是属猪人的一条好策略。属猪人诚实，他们为自己辛勤劳作的成果而自豪，很少成为骗子或小偷。在属猪人善良的背后，隐藏着坚定的力量。这么说猪越来越"信善和"了。

沃晒模式之所以说是移动互联新型 O2O，主要指的是沃晒子公司每月一次的"信商炫"大型线下活动。应当承认，我们曾经办过一次，但不成功。这不会阻挡沃晒前进，因为我们有试错精神，有总结教训的纠错能力。我们今后学会用猪之精神办论坛，用猪的开朗去设计执行，用猪的善良对待每个客户，用猪的和谐去柔性争取成交。

（1）流程设计。论坛为一天，上午讲座发言，下午体验成交。

（2）关键点把控。事前邀约的关键点是已上线客户带来多少粉丝和每个业务员邀约的意向客户。上午的讲座要务实简洁。下午的信商炫要注重体验，现有客户的口碑比任何推销更有说服力。

（3）总部网站会时时传播各地论坛消息，强化论坛影响力。

（4）对现场每一个成交的客户，总部都会在第一时间滚动播出客户人物头像，使之有荣誉感。

（5）会后最后一个环节是每个已成交客户口头表达下次参会将带多少粉丝，使每次参会客户的数量和质量慢慢提高。

（6）对于在现场成交的客户，在子公司收到款后，一定要在第一时间拿出现金当众兑现奖金。

（7）会后第二天不休息，采用急行军模式去客户处收款，千万不要在办公室等汇款。要想到客户可能遇到的阻力，需要你再去一次，帮助客户排雷。

（8）建立回访机制。凡是参加论坛的客户都要一一回访，听取改进意见，让他们感受到被公司所尊重。

第六章

众筹观点

章节导读

众筹是移动互联网时代的一个标志，在这个开放的人人时代，依靠大众的力量编织创意，在征求大家对于移动互联网的看法时，我们也采取了众筹模式来进行。不可否认，众筹的力量是伟大的。

一个时代的结束是另一个时代的开启。移动互联网时代的开创，即将引爆各大领域发生翻天覆地的变化！它将如何改变传统行业的发展轨迹？我们如何掌握移动互联网这匹骏马的航向？

本章主要采集了各大不同研究领域大学教授、不同行业企业家等的观点，聆听各界对于移动互联网的不同声音和看法，其中既有从本行业与移动互联网的互融角度来探观未来传统行业的转型，也有站在哲学与文化的角度去观察移动互联网带来的行业变迁，还有对未来世界人类发展的大数据思考……

百花齐放，百家争鸣，接下来，你将进入移动互联网航向频道，请握好你的遥控器，点击开关，浸泡在沃晒观点当中……

一　看数据，看娱乐，看移动互联网

上海交通大学　余明阳

在近几年，移动通信和互联网成为当今世界发展最快、市场潜力最大、前景最诱人的两大业务，它们的增长速度是任何预测家未曾预料到的，所以可以预见"移动互联网"将会创造怎样的经济神话。

作为目前最大的移动互联网应用终端，智能手机具有无可争议的领导地位。统计显示，目前中国智能手机市场占有率仅有 20%，远低于智能手机市场占有率高于 50% 的欧美国家，相比之下有很大的发展空间。越来越多的人希望在移动的过程中高速地介入互联网，获取急需的信息，完成想做的事情。所以，现在出现的移动与互联网相结合的趋势是历史的必然。目前，移动互联网正逐渐渗透到人们生活、工作的各个领域，短信、彩图下载、移动音乐、手机游戏、视频应用、手机支付、位置服务等丰富多彩的移动互联网应用迅猛发展，正在深刻改变信息时代的社会生活。

随着智能手机的普及、网络环境的完善和信息技术的提高，我国移动互联网发展迅速，极大地改变了人们的生活方式，成为我国网民社交、娱乐、商务的综合性平台。其中，娱乐化是目前我国移动互联网的主要特点，手机娱乐也成为我国手机网民的主流应用。从时间上来看，手机娱乐是手机网民使用的主要功能，平均每天手机娱乐时间为 109 分钟，占据了除电话短信外使用总时间的 60.6%。从使用率来看，各类手机娱乐应用使用比例较高。97.6% 的手机网民最近半年在手机上使用过手机娱乐类应用，其中，手机游戏、手机视频、手机阅读和手机音乐在手机网民中的使用比例分别为 44.9%、37.6%、56.5% 和 61.4%。

得益于手机上网速度的提高及上网资费的下降，手机游戏市场吸引了越来越多的用户参与。截至 2013 年 8 月 25 日，我国手机网民中使用手机游戏的用户规模达 2.08 亿，在手机网民中占比为 44.9%，成为手机网民最广泛使用的娱乐应用之一。手机游戏市场强大的用户规模，一方面在于智能手机的快速普及与移动网络环境等基础资源的改进，使手机游戏在画面和可玩性上均有较大提高，用户体验得以不断改进，一方面在于手机网络游戏开发者的大量进入和手机游戏平台的逐渐成熟，使手机游戏种类不断丰富，越来越多的网民用户向手机游戏用户转化，带来巨大的市场效应。这一点，有关注股票市场的人们都会知道2013—2014年间，凡是跟手游概念贴近的概念股都曾有过一次大爆发。

2013年，中国移动互联网市场规模达到1059.8亿元，同比增速81.2%，预计到2017年，市场规模将增长约4.5倍，接近6000亿元。移动互联网正在深刻影响人们的日常生活，移动互联网市场进入高速发展通道。

2014年，伴随着终端价格的降低，移动网民的快速渗透和网络基础设施的日益完善，移动互联网市场将向内陆城市深度辐射。随着无线通信技术的发展，以及智能终端用户（特别是智能手机用户）的增加，我国移动互联网这座金矿将会越来越大，这将为整个产业链上的参与者提供更多的机会和挑战。

我认为，以手机为终端的移动互联网势必以迅猛的速度覆盖到全球每个角落，届时人手一台智能手机（或一台以上）的基础架构将会引发出全球的移动互联应用潮流，至于应用的范畴，宽广到无法想象。

二　4I 模式：微信时代的移动营销原理与方法

华南理工大学　朱海松

微信的本质是手机。微信时代就是手机时代。微信是腾讯公司于2011年1月21日推出的一款通过网络快速发送语音短信、视频、图片和文字，支持多人群聊的手机聊天软件。用户可以通过微信与好友进行形式上更加丰富的类似于短信、彩信等方式的联系。微信改变着人们的生活，影响着人们的生活方式和消费行为，也正在颠覆传统的营销方式。微信时代的营销是指移动营销，谈的是企业如何在移动信息化时代利用手机开展营销。

营销是一种思想方式、一种哲学，它定位于获知消费者自发表达的或被诱发出来的需要和欲望。探究营销理论的发展过程，也就是对竞争环境和消费方式变化的理解过程，通过审视营销理论的变迁可以把握微信时代的营销特点和精髓。

营销理论的变迁：从 4P 到 4C 再到 4R 的营销组合

20 世纪 60 年代美国营销学学者、密西根大学教授杰罗姆·麦卡锡提出了著名的 4P 营销组合策略，即产品（Product）、价格（Price）、渠道（Place）和促销（Promotion）。4P 理论以满足市场需求为目标，然而 4P 理论是一种静态的营销理论，没能把消费者的行为和态度变化作为思考市场营销战略的重点，使得这一理论不能完全适应市场的变化。

1990 年，美国学者劳特朋（Lauteborn）教授从消费者角度出发，提出了与传统营销的 4P 相对应的 4C 理论，即消费者的需求与欲望（Consumer needs wants）、消费者愿意付出的成本（Cost）、购买商品的便利（Convenience）和沟通（Communication）。在 4C 理念的指导下，越来越多的企业更加关注市场和消费者，与顾客建立一种更为密切和动态的关系。

21 世纪初，《4R 营销》的作者艾略特·艾登伯格提出了 4R 营销理论，阐述了四个全新的营销，即关系（Relationship）、节省（Retrenchment）、关联（Relevancy）、报酬（Reward）。4R 理论强调企业与顾客在市场变化的动态中应建立长久互动的关系，以防止顾客流失，赢得长期而稳定的市场。

4P 营销理论站在企业的角度来思考问题，是营销的一个基础框架，4C 营销理论是站在客户的角度来思考问题的。但是他们没有侧重从企业整体运作的角度看待问题，更没有侧重从营销的核心目的去分析问题，4P 和 4C 营销都是对营销过程中重点元素的静态描述。4R 则是二者综合提炼的结果，它满足营销的核心，而且是一个动态的过程。但 4R 营销仍是"粗放"型的，远没达到"一对一"的"精细"化程度，微信时代手机媒体的出现，使我们可以通过"4I"模式来探讨"精细化"的关系营销。

微信时代的移动营销组合："4I 模式"

移动营销的"4I 模式"是指：Individual Identification（分众识别）；Instant Message（即时信息）；Interactive Communication（互动的沟通）；I（"我"的个性化）。

（1）Individual Identification（个体的识别）。即识别沟通的分众对象并与其建立"一对一"的关系。分众的精细化就是个众，个众是指目标消费者已经不是抽象的某一个群体了，而是活生生的个体，移动营销就是利用第五媒体的手机与活生生的个体进行"一对一"的沟通。同时，这种个众是可识别的，即分众的量化。既然可识别，就可对目标消费的个众进行量化管理。前面谈到的三种营销理论都假设消费者是一种抽象的描述，他们需求是一致的。实际情况是，每个消费者都是独一无二的。传统营销理论回避了到底哪个消费者是谁的问题，消费者的关系建立是模糊的，不可识别的，因为消费者有需求，但是"谁"的需求，"他"到底在哪里，却不能回答。消费者是"见利忘义"的，这种"见利忘义"体现在大量的促销活动可以轻易地使消费者转移品牌，消费者的品牌忠诚度更难把握和琢磨，所以移动营销可做到分众识别，个众锁定，定向发布广告。

（2）Instant Message（即时的信息）。即时性体现出了移动营销的随时性和定时性。手机的便利性使得移动营销可以及时地与目标消费者进行沟通，移动营销的即时性可快速提高市场反应速度。在相互影响的市场中，对经营者来说最现实的问题不在于如何控制、制定和实施计划，而在于如何站在顾客的角度及时地倾听顾客的希望、渴望和需求，并及时答复和迅速做出反应，满足顾客的需求，移动营销的动态反馈和互动跟踪为这种营销策略提供了可能。要强调的是移动营销的即时性对于企业来讲意味着广告发布是可以定时的！这是因为当企业对消费者的消费习惯有所觉察时，可以在消费者最有可能产生购买行为的时间发布产品信息，这需要对消费者的消费行为有量化的跟踪和调查，同时在技术上要有可以随时发布信息的手段。

（3）Interactive Communication（互动的沟通）。互动就是参与。顾客忠诚度是变化的，他们会随时转移品牌。要保持顾客的忠诚度，赢得长期而稳定的市场，"一对一"的无线互动营销，可以与消费者形成一种互动、互求、互需的关系。在移动营销活动中，移动营销中的"一对一"互动关系必须对不同顾客（从一次性顾客到终生顾客之间的每一种顾客类型）的关系营销的深度、层次加以甄别，对不同的需求识别出不同的分众，才能使企业的营销资源有的放矢，互动成为相互了解的有效方式。

（4）I（"我"的个性化）。个性化是一个民族自信和社会文明进步的体现。个性化就是人性化。微信时代，人就是媒体，手机就是人！手机的属性一直是个性化、私人化、功能复合化及时尚化的，这些也逐渐形成评价一部手机满足用户需求的默认标准。这使得利用第五媒体手机进行的移动营销活动具有强烈的个性化色彩。"让我做主！""我有我主张""我的地盘我做主""我运动我快乐""我有，我可以！""我能！"在消费生活中人们高喊的这些口号已经传达出市场的个性化特征越来越明显，这种消费诉求要求市场的营销活动也要具有个性化，所传递的信息也要具有个性化。人们对于个性化的需求将比以往任何时候都更加强烈。微信时代的移动营销模式就是可识别的个众的，即时的，互动的，个性化的。

"一对一"的关系营销

移动营销的传播策略应该是这样的，在数据库营销的基础上，对目标消费群根据营销需求进行分众识别，然后向可识别的分众定向传播个性化信息，通过互动跟踪，监控传播效果并随时进行动态调整，通过"一对一"的沟通，最大程度达成传播目标，移动营销的过程，正是具有这种分众定向和互动的优势特征，移动营销是"一对一"的关系营销。

从移动营销的 4I 模式可以看出，互动是移动营销的核心，"一对一"则是移动营销的内在特点，个性化和及时性则是移动营销的外在显著表现。就是因为移动营销的"一对一"性，使得营销的客户关系发生了量化的改变，一对一的关系营销使客户关系管理与维护变得更加精细化了。第五媒体上的短信、彩铃、彩信、游戏等等表现形式均因为个体的选择而极具个性化色彩，使得"一对一"的关系营销表现得出类拔萃！显然，"一对一"是在数据库营销的基础上展开的，移动营销的"一对一"性使得未来的营销质量得到有效提高，营销效果得到可量化的监测，消费行为的个性化也越来越明显，这对营销的实务提出了更高的要求，"一对一"的移动营销展示了全新的营销模式。

没有理论的事实是模糊的，没有事实的理论是空洞的。营销理论的变迁是以市场环境的变化为背景的，手机媒体的出现，也体现了社会生活的发展和进步，随着微信时代的到来，营销理论将会继续变化下去，以第五媒体手机为基础的移动营销理论初现，随着市场实践的不断丰富，移动营销理论的体系也将随之建立。

三　微信营销重在"信"

华南理工大学　杨向东

信任是人和人之间交往的基础，是企业活动合作的必要因素。作为企业单位，在微信营销上，更是要注重美誉度的建设。从产品的介绍到品牌的深入，再到粉丝的回馈，这一系列的过程都需要信任做后盾。只要目标客户对你的产品有好感、对你的品牌认可、对你的企业认同，那接下来的营销需求就变得顺理成章了。

在消费者行为学中，有"熟人购买"说，即消费者最愿意从朋友那里获得购买信息，这本质上是信任购买，建立在信任基础上的购买会变得安全和简单。微信就是这样一款友爱的平台，它建立在熟人网络上，以互动和沟通为主的微信可以培养圈子气氛，沟通方式的隐秘性也可以增加信任的稳定性，这也区别于微博的陌生人关注。企业公众账号作为营销的主要载体，它的巧妙性在于在信任环境中把消费者引向营销这道门，且不是硬性推广，而是以教主般的身份去解读，以知心朋友般的身份去聆听目标客户的需求。这就使得营销的难题迎刃而解。但值得关注的是，微信营销关注的是如何使客户产生依赖，让粉丝充分信任企业的微信公众平台，唯有线上的生生不息的内容互动是主要方式，不断维护感情和增进发展。微信在于互动，信任也是建立在互动的基础上，多一些人性关怀，使圈子里的人深度交流，有反馈和人气，切忌单纯的广告植入，做好内容服务和功能服务，才是达成美满营销的前提所在。

微信的传播基础是交友文化，因为微信具有类似腾讯 QQ 软件的一系列连带功能，比如可以把手机通讯录里的好友导入微信，可以搜查附近的人，可以实现语音、文字、图片等多种互动形式，手机微信的可移动性可以让你随时随地地进行生活和工作上的沟通，由于微信传播是以交友为前提的，所以微信方式可以说是相对安全和有保障的，微信的聊天内容是即时性的，所以用户也可以在第一时间内感受到实时的信息服务，这也是增加信任的砝码。我们可以说，微信的"信"里包含了信任、信息、信赖的成分，最终的高境界可以说是信仰。这也是企业通过微信所想要到达的高度。

四　移动互联网改变世界

金羚电器有限公司　江国民

移动互联网正在改变着这个世界。

小时候看着蓝蓝天空上的白云，总会幻想云上是否住着神仙；而现在，社会的发展告诉我，云的上面是数据。

移动互联网下的产物是一台小小的手机，而这台手机，正在猛烈地冲击着各行各业。

每天早上拿起手机浏览新闻，这使报纸行业的发行量下降，全中国的报刊亭数量也在不断减少。

"支付宝钱包"是年轻人手机上的必备软件，现在有些商店如"美宜佳"支持用支付宝付钱，只需轻轻一刷即可完成交易。相信以后出门都不用带钱包了，直接带个手机就可以了。

还有APP如"滴滴打车""去哪儿"等都使远方的城市不再陌生，导游这个职业可能会消失。

移动互联网正在渗透到各行各业，逐渐地改变我们的生活方式。我们以后的生活究竟会变成怎样，相信最值得期待的就是如今讨论得热火朝天的"智能家居"。以后的家居生活会紧紧地围绕两个主题：智能，健康。

每一个家庭都有一个专用的平板电脑，7英寸左右，与家里的电器通过WiFi连接，主要是用来管理控制家电和检查家电的状况。例如，假设现在的家里有洗衣机、冰箱、空调、电视等。当你想洗衣服的时候，这部平板电脑会显示洗衣机的运行状况，衣服的重量，水的污浊度，剩余时间等参数，我们不仅可以直接在洗衣机上设置洗衣程序，还可以通过平板电脑来设置。当洗衣机出现故障的时候，显示哪个部位出现问题，并提出具体的修理方法（视频），平板上直接显示出该洗衣机公司的网站商城，直接购买零部件，回来可自己修理，也可致电维修人员上门修理。

未来的冰箱会变得比现在的体积更大，用来储存约一星期的食物和饮料。那时候购买食物，在网上购买是主流。只需交纳一定的费用，半年内或者一年内该公司会定期送食物到你家门口。每次该公司会运送约一星期的食物过来，并根据合理膳食的概念来帮你制定每日的食谱，当然也可以自己根据该公司的建议来自定义选择。从食物运送签收的那时开始计算，6天后会发送消息给你询问是否安排送下个星期的食物，操作都在平板电脑上完成。

电视是嵌入在墙里面的，可以上网、玩游戏、购物等等。同时，手中的平板电脑也在发挥作用，上网时平板电脑会显示电视里的内容，可以通过拼版的触控来直接控制电视；玩游戏的时候，平板电脑就是游戏手柄、按钮进行实感操作。

空调不仅仅可制冷制热，还是空气净化器、抽湿机、加湿机，可以智能感应室内环境，自动设置最佳模式。

所有的家电都可以通过手中的平板电脑来控制和设置运行模式，发生故障会直接显示原因，故障在哪里以及解决方法。

当你在外的时候，若想控制家里的电器，可以通过身边的手机以类似于微信中发送指令的方式来检查控制管理家里的电器。

手机以后不仅可以通信、娱乐，还可以是身体状况的检测仪，检查心率、脉搏，并给出运动方面的建议。

移动互联网将让生活更方便，真是一机在手，应有尽有。

五 诱发一场台风

华南理工大学 韩义

一只南美洲亚马逊河流域热带雨林中的蝴蝶，偶尔扇动几下翅膀，可以在两周以后引起美国德克萨斯州的一场台风。其原因就是蝴蝶扇动翅膀的运动，导致其身边的空气系统发生变化，并产生微弱的气流，而微弱气流的产生又会引起四周空气或其他系统产生相应的变化，由此引发一个连锁反应，最终导致其他系统的极大变化。最近经常听到有人分享雷军的名言："在台风口猪都可以飞起来"。此话一度令互联网思维迷信者狂热了好一阵子，可在当下如火如荼的移动互联网创业浪潮中，到底谁能迎来台风，谁又能真正飞起来呢？

具有逻辑性的人都知道，台风也许是由一只蝴蝶扇动翅膀引发的，但绝不是所有蝴蝶扇动翅膀都能引发台风！当我们把焦点锁定在这么一个令人惊叹的蝴蝶事件时，我们几乎忽略了事情的真相。当然，我们最关心的仍然是如何让自己在台风口飞起来，让这个十分壮观的过程发生在自己身上。孔子虽然系统地提出了以论语为代表的儒家学说，但在当时社会环境下却得不到认可，好在弟子三千，且代代相传，这才使真理得到传承，直到他死后两百多年的汉代才罢黜百家独尊儒术，确立了儒家在社会中的核心地位，几千年的社会实践也证明儒学确实更适合中国封建社会。电商鼻祖亚马逊创始人索贝斯的电商事业也源于在华尔街工作时的一个灵感，甚至很有可能来源于少年时学校开展的创新培养计划。同样，联邦快递的商业模式也是来源于创始人大学三年级的一篇论文，而他的这篇论文当时却被老师评了一个 C。有时候我想，这些伟人是不是上帝派来人间拯救我们的，不然他们的运气怎能这么好？

无论是好的思想，还是好的商业模式，它们都有几个特征，一是有正确的认知，二是需要付诸实践，一边实践自己的认知，一边传播自己的认知，直到这个认知被大多数人认可并流行起来。所以当我们确信自己拥有一个好的商业模式时，我们要像传教士那样去布道，要像行者那样去奋斗，不断引领客户创造价值、传播价值，用我们微小的力量诱发群体共振，最终诱发一场台风。

今天的互联网革命是人类历史上最高级的一次生产力革命，它必将影响社会的经济、政治，甚至思想。在互联网时代的创业，由于打破了传统的时空格局，更具有胜者全得的网络垄断属性，所以需要一个苛刻的商业模式，甚至需要一个普世价值理念，所以说互联网商业模式既是具象的也是抽象的，而且它要求快速流行起来，最终形成用户垄断，像极了蝴蝶效应。我们唯一能做的就是洞察趋势，精确定位，设计一个最接近终局的商业模式，勇敢地带领小伙伴们去奋斗，至于能否成功就交给上帝吧。

六　走向 DIY 的家装建材业

广东金意陶陶瓷有限公司　何潜

2012 年后家装行业随着楼市的调控出现很大转折，在求生存这种大浪淘沙的环境下，死去的已然死去，活着的仍继续迷茫。

未来十年第一批死去的是建材销售业。东西越来越难卖，价格越来越透明，是目前普遍存在的现状。没有利润，且要面对高额的店面租金，辛辛苦苦地操作一年，发现只是在帮厂家出货，挣钱的只是厂家和店面房东。这种近况下仍然坚持做下去是不可能的。

对于基础装修行业，产品价格透明，利润减少，工程量减少，而没有办法继续下去。装饰公司越大越难维持，高额的店面租金，高额的人员消耗，较长的运转工程周期，持续萎缩的市场环境，可能就是压垮装饰公司的最后一根稻草。思想的不转变就只会被淘汰，这是市场规律。

那么基础装修未来十年是什么样呢？

　　我们先来看看未来十年需要装修的人群。再过十年，90 后将会成为装修市场上的主要客户。我们的思想可以跟得上他们的节奏吗？跟得上就赢，跟不上就输。

　　自主化装修，DIY 装修，个性充分展示，设计师也许就是自己。众所周知，装饰公司其实是没有工人的，工程处于外包状态。装饰公司死的原因就是这样没有实体，只是虚架子。空得可以让一岁小孩踹一脚就塌啦，还需要大浪潮吗？

　　实体决定虚拟，市场构架在变，你所养的人十年后都是没有用的。比如"设计师"，这个行业会被互联网服务平台取代。未来十年想做好就要抓住有用的人，比如高技能工人。

七　移动"城市名片"

深圳市旭振电气技术有限公司　黄志明

　　沃晒在倡导"一座城市、一种生活方式、一个 APP"，我们正在打造移动"城市名片"。

　　试想作为城市市长，对外交往时的第一要务就是推介自己的城市名片。面对世界各地的客商，每天都要不厌其烦地重复介绍本市市情、投资环境以及当地人文特色等。随着"沃晒三新"定制手机的推出将事过境迁，从此，市长手持移动"城市名片"将胜券在握！

　　请看另一番场景：在某市的欢迎晚宴上，坐满了来自世界各地的外宾客商。席间，来自新加坡的客商在咨询投资环境，台湾同胞在询问当地人文旅游特色，而香港客人则在问哪里有风味特色小吃等，此时只见市长从容地拿出手机说道：各位别急，请打开您的手机扫扫我们的 APP 二维码，里面的"城市名片"应有尽有。

　　上述市长用的这款手机，正是由广州沃晒信息科技公司与深圳康佳集团、河南省电子规划研究院联合打造的"沃晒三新"内容定制手机，它将沃晒商城 APP 植入手机芯片，内置"城市名片"数据库，其内容可依据城市作个性化量身定制（采用安卓系统）。该款手机具有强大的信息安全保护系统，以确保政府内部信息交流畅通无阻且安全可靠，实为政府部门的好帮手。有了当地政府的推荐，沃晒商城 APP 将在社会上得以广泛应用。

此外，此款手机还可以为服务行业商户定制会员优惠卡。从此以后，我们出门去沃晒特约商户消费时再也不用带一大堆会员卡了，只要拿出手机扫扫 APP 二维码即可享受全部优惠。同样，诸如电信、水电气等交费服务代理项目也可在手机端一键完成。

更为震撼的场景即将出现，当手机与智能家电通过物联网交互联接时，我们将可随时随地远程遥控家里的电器自动运行。

作为手机端嫁接 APP，由于它绑定了客户终端，从而有效地锁定了用户群。当其用户群体达到一定数量级时，其 APP 就有可能实现后端收费，即向所有广告主开放来实现盈利。由此而衍生的商业化模式将呼之欲出。

沃晒 APP 打造的移动"城市名片"，其商业价值和应用前景将远远超乎我们的想象！

八　勇敢的心

贵州醉美庄园投资管理有限公司　郑先强

提及"西南"二字，第一印象便是偏远，贫穷，落后；无疑还有荒凉，野蛮，无知。

古代对四方边远地区少数民族泛称"蛮夷"，亦专指南方少数民族，故西南也难逃"蛮夷之地"的称号。

可是在我心中，她却是那样的深沉、神秘与动人！

从古至今，大自然很公平，给这样的边陲赋予了很多的魅力：3/4 的少数民族聚居于此，自由自在的安详生活，她们随着自然规律，不紧不慢的日出而作，日落而息，不谙世事地劳作着；鬼斧神工的地貌，又给予了她另外一种美丽，山之博大，水之空灵，被她表现得淋漓尽致？天然的大屏障，使最好的生态环境得以完善的保存，上万种生物在此繁衍、栖息！

一直以来，我都有一个梦想：把这神秘的礼物展现给世人，可是身单力薄，无法实现。直到今天，终于有了机会得以实现，那就是"沃晒"。从那么多的沃晒观点中不难看出，沃晒提倡的是——平等，自由，开放，生态，尊重。在这样一个大舞台上，"西南"将以最真诚，最纯粹，最唯美的一切呈现给世人。这是我们的机会，也是我们的殊荣，也是我一直支持的理由。

山谷里开出的小花，田埂上长出的小草，雨后若隐若现的彩虹，在我们欣赏她的同时，更要感激揭开这神秘面纱，将她奉献给世界的智慧的双手——那就是"沃晒"！

九　移动互联，出差一族的好伙伴

河南丹江常清源林果实业有限公司　常素卿

随着手机的处理能力和网络速度越来越快，我出差的衣食住行都改变了。

以前，一般接到出差的任务，我会在电脑上搜索近期的天气预报，来准备近期的衣物，但很难准确判断，如20℃是穿一件还是两件衣服，从而往往需要带上大包小包的东西，可还是经常遇到"带上的东西不需要，需要的东西没带上"的情况。而现在，我可以通过手机微博查到当地人们自拍的照片，看当地人穿什么衣服，回到家即可收拾好衣物，而且起床穿衣前可以查到当天的即时天气，这样每天都可以穿合适的衣服。

以前，出发前我要提前通知同事帮忙购买机票（火车票也一样），遇到突变的行程往往会措手不及。而现在，遇到突变行程，我可以通过手机完成临时订票、退改签等，提前买票还可以获得好的折扣，起飞前还可以实时了解飞机的准晚点情况等。去机场的路上，不再担心打不到车，尤其是在比较偏的地方。到了陌生城市开车，不再担心找不到路，手机导航轻松搞定，据说以前老同事都是通过纸质地图来找路的，不仅费时还容易走冤枉路。

以前，开车到了偏远地方，找地方吃饭是件头痛的事情，一般会问路人，他们有时候指示不清，很多时候找不到好饭店，如就餐环境差、卫生差等。而现在，通过手机地图即了解附近多远距离有饭店、饭店的评价、消费水平及电话，然后再导航过去。尽管有时也会遇到不靠谱的饭店，但通常情况下手机都会成为好助手。

以前，有时办完事情已经很晚，临时找酒店是件不容易的事情，一般会问当地人或开车到当地政府附近找，辛苦了一天还得为住宿的事情烦恼。而现在，有各种酒店 APP，可以找到靠近第二天行程地方的酒店，上面有该酒店的评价、价格及配套设施等，手机预定还可以更加便宜，这样就可以度过一个温馨舒适的夜晚。

有了移动互联网，出差在外衣食住行变得非常方便，不再担心很多事情处理不了，收发邮件、处理 office 文档、阅读讯息、买卖股票，一部手机＋互联网可以轻松搞定。移动互联网不仅仅使互联网的功能移动化，而且由于具备 LBS 等特有服务，因此创造了很多新功能，解决了许多新问题。

十　一切尽在"掌"握之中

广州沃城信商郑州子公司　薄鑫姣

毫无疑问，消费者正享受着用新的方式、新的技术提升日常生活质量。移动互联网是其中重要的一项。

1. 购物方式发生变化

调研显示，在既有的消费行为基础上，消费者的购物方式在过去的一年里发生了巨大变化。

首先，在七个类别（包括成人服装、儿童服装、奢侈品、健康与美容、消费电子、鞋类和日用品）商品中，店内购物显著下降——从 2012 年的 84% 下降到了 72%，在线购物的比例增长了近 100%——从 14% 上升到 27%。其次，中国消费者的展厅购物（店内看货、线上购买）比重全球最高，并在逐渐上升，精明的消费者越来越多地选择在店内看货、体验，线上比价、下单购买。随着智能手机的普及和移动互联程度的提高，消费者甚至不出店门就可以从手机下单购买。再次，消费者在购物中，越来越看重朋友、熟人的评价与推荐，身边人口碑的力量甚至远大于品牌的消费拉动能力。随着微信等社交工具的普及，更便于消费者在朋友圈随时接收、咨询相关产品和服务，导购人员的消费决策影响越来越低。最后，与消费者沟通的方式对零售商非常重要，消费者希望获得更优惠的价格和更个性化的服务。

在消费者的多渠道购物中，他们期望在不同的渠道获得同样的产品、一致的价格、同样的服务、相同的体验，同时，还期望线上购买的产品可以线下退、换货。总结来看，移动互联网在消费者的多渠道愿望中起到了推波助澜的作用，对当下的中国零售商的服务能力和技术能力是很大的挑战，需要商家的 O2O 布局来应对全新的购物需求。而移动互联网的普及，为零售商实现真正意义上的 O2O 提供了连接基础。

2. 迎合消费者购物方式

首先，零售商可以通过社交渠道与消费者互动，吸引他们到门店购物。你的网页不仅是发布销售通知的场所，它必须引人入胜，并反映出广告语的个性。在将社交网络与实体店结合在一起时，你要利用社交网络提供的乐趣和分享能力。在宣传商品时要保持趣味性，并且加入大量门店体验数据。

其次，根据顾客在门店内或附近的最新位置而与他们交流。门店客户自愿提供的位置信息包含丰富的数据，它使你能够向顾客提供独特的、基于位置的体验。作为零售商，你可以获得宝贵的信息，包括客流路径、花费的时间、浏览但未购买的商品。这些信息可帮助改善商品关联和陈列位置，从而提高门店效率。为了让人们乐意分享这些信息，你需要制订精心设计的门店体验计划。当顾客在入口处扫描后开始购物流程时，考虑应为他们提供哪些"我的附近"宣传语或体验；对于通过扫描在门店入口"签到"的客户，提供数字或实体"礼品"；对于在门店内的"联网顾客"，推送关于附近商品的特殊电子标识。

再次，通过顾客手机传达门店商品分类和特价信息。精心设计的移动/文本战略是监控和规划"品牌价值"消息的关键。在顾客确定你的门店值得关注时，这会为你带来巨大的机遇，同时你也要承担明确的职责。消费者对文本消息的响应伴随着特殊的要求：响应必须是接近即时且"始终在线的"。你要规划必须向顾客传达的内容，这些内容必须足够重要而且个性化，使他们愿意聆听；与客户的在线/忠诚度账户信息联系在一起，并访问其购买历史记录，当他们在店内或门店附近时向其发送个性化文本消息；通过文本消息与顾客分享他们表示有兴趣的活动或品牌的信息，并且用精心设计的回复进行响应。

如果顾客选择向你发送文本消息，接下来零售商要做的是，利用数据给顾客提供更多个性化的独家购物体验，进而赢取更多的顾客。

3．适应未来商业生态

随着以组织为中心的经济让位于以个人为中心的经济，翻天覆地的巨变席卷而来。社交媒体、移动技术、分析和云的成熟推动着从个人为中心向每个人对每个人（E2E）的经济转变。E2E 的特征是消费者和企业在大量价值链活动中广泛互连和协作：共同设计、共同创建、共同生产、共同营销、共同经销和共同融资。

近年来，跨行业协作，特别是社交化协作业务模式的兴起，将使价值生态主要参与者的角色作用和游戏规则发生转变：企业由控制并实施价值交付向搭建环境、协同各方完成价值交付的组织者转化；个人消费者由被动接受者向主动参与者转化，价值交付控制权向消费者转移；企业员工由基于组织和职责工作向基于兴趣和专长进行工作和协作转化；企业供应商由上下游供应商关系向协作共赢的合作伙伴转化。

在移动互联网时代，先知先行的商家才能在个人对个人经济模式中完成角色转换，适应新的商业游戏规则。因此，零售商家应不断改变对商业的认知，拓展自身的移动互联能力，运用不断更新的移动互联工具迎合消费者不断提高的多渠道需求，以更好地融入未来商业生态。消费者越来越靠掌中的手机实现购物消费，商家也要顺势而为运用移动互联网掌控消费者的购物方式和偏好。

十一　用不同的眼光看移动互联

广州沃美信息科技有限公司　周蘭亦

移动互联网发展迅速而且不知不觉地融入每一个人的生活中，悄悄地改变着大家的生活习惯、交友方式、购物理念，使大家的生活更加的丰富多彩。伴随 4G 时代的到来，移动互联网市场规模快速增长，更多的互联网终端设备凸显出来，家用电器等最终也可能会成为终端，会更加方便我们的生活。

移动互联网可以作为业务推广的一种手段。传统销售渠道狭窄，业务范围小，移动互联网和传统行业结合，催生出一种新的商业模式，如淘宝、阿里巴巴，还有一些团购网站等等，扩大了各行各业的销售渠道，增加了业务，甚至可以提高知名度，为企业节省开支，减少费用。

移动互联网已融入主流生活和商业社会。目前的移动互联网领域仍然是以位置的精准营销为主，随着大数据相关技术的发展，人们对数据挖掘的不断深入，针对用户个性化定制的应用服务和营销方式将成为发展趋势。

随着手机的普及，移动互联网用户正处于不断的上升期，几乎每人一台手机，也就是每人手握一台智能终端。哪怕只有三分之一的人群，每天在坐车、等车、用餐之余上网看看我们的商城，那这样的销售模式要比传统的销售模式更能第一时间转化为客户的消费行为，也就是说我们的商场无时不在、无处不在，我们的品牌、服务更深入人心。

我是一名不太容易接受新事物的年轻人，但却能深深体会从互联网到移动互联网的发展历程。随着身边朋友都在用微信后，我也不得不去接受它，因为如果不用微信就好像和大家脱轨一样。从那时开始，移动互联网已经强行融入我的生活中，潜移默化地改变着我的生活方式。每天都要打开微信无数次，淘宝至少一次，和朋友吃饭、唱K、看电影前都要到团购网站浏览一遍，已经达到了"人机合一"的境界。现在又置身于移动互联网的创业中，更是发现在移动互联网领域，年轻人创业有着得天独厚的条件，创业成功案例数不胜数。例如，途牛创始人于敦德、聚美优品创始人陈欧和汽车之家的李想等。如今互联网发展的快速，并不代表着移动互联网的发展已经达到饱和状态，相信未来的移动互联网领域会给我们惊喜，用不同的思维方式，开拓出移动互联网的新领域。

十二　移动互联网的扁平化时代

姜军红

在传统管理理论中，管理幅度指的是在一个组织中管理人员所能直接管控的下属数量，当这个数量超过一定限度时，管理的效率就随之下降。

每个组织都有基层管理者、中层管理者和高层管理者，且每个层级又细分为若干层级，部分层级尽管在工作性质、职能、待遇上没有太大差别，但却被视为一种权力和权威，越级汇报被视为对权威的无视和冒犯，是大禁忌。

在数年前，曾流行的一个概念，即"去中层化"。托马斯·弗里德曼《世界是平的》一书中提到"外包"的概念后，当一个组织中非核心业务甚至部门外包出去后，企业中层的地位将逐渐弱化，把握战略的高层和执行的基层将成为实质的核心。

扁平化并非中层的完全消失，而是管理层级的相对减少，特别是移动互联网大时代来临之际，组织被无形中引导向扁平化推进，不是你想不想变革而是在潜移默化中自然而然就被进化了。

在非互联网时代，上层信息通过层层传递下达基层，基层反馈的情况也通过层层过滤最终到达决策层，信息存在失真且不说，仅仅对市场的响应速度就可能被对手所打败。

但在移动互联网时代，一切沟通变得简单多了，各种 SNS 工具存在移动端，特别是手机已成为人体基本的外部配置，个体随时都有可能被拉进某个圈子，各种信息在传递的通道可实现零环节即时到达个体。

十三　信商落地战略

李兴帅

随着信商团不断发展，从信商精神，到信商文化，再到信商大学，信商团一步一个脚印，打造独特的信商文化体系。当信商走向移动互联网领域，出现了我们不得不重视的问题：

（1）手机是多元化，APP 那么多，为什么要装信商的 APP 呢？

（2）信商对我有什么好处，能改变我的生活吗？

针对疑问，我们接下来分析：

第一个问题，信商的技术团队在研究当前 APP 运用技术的基础下，实现了商城 APP 技术的创新，使之更符合用户习惯，是目前国内 APP 领域技术的领先者。信商甚至可以开发自己的品牌手机，绑定信商的 APP，直接向市场推广。

第二个问题，信商进军移动互联网领域，正是把握了移动互联网的浪潮席卷全球的时机，此举不仅会创造无限的商业价值，甚至能改变人类的生活方式。因此，信商进军移动互联网对于每个人来说，都是一次掘金机会，也是改变我们自己的一次机会。

信商走向移动互联网领域，面对打开的市场，培养知名度与信誉度，全面提升信商文化的商业底蕴。如何推动信商落地呢？

（1）移动商城落地。移动商城是信商走向移动互联网领域，走向市场的重要举措，做好移动商城的宣传推广，打开移动互联网市场，是重中之重。

（2）让地区餐饮业加盟，走进人们生活。信商文化不是"阳春白雪"，而是人们日常生活触手可及的、随时随地都能够亲身体验的。

（3）建立区域化文化是必经之路，借助信商子公司的平台资源，定期举办活动，推动区域文化活动的开展，让信商文化为广大群众所喜闻乐见。

（4）植入中华传统文化，让信商接近儿童，带动家长，真正地使信商文化深深植根于中华文化之中，使之融为一体，提升信商文化的内涵，借以影响更多人群。

（5）建立信商科技文化馆，网络中的旗舰店。信商科技文化馆将肩负展现信商科技文化的使命，成为信商对外展现的窗口。

（6）未来是科技时代，互联网和移动互联网都将成为各大企业的争夺地，信商应该借势移动商城的落地，一方面展现自己的技术能力，另一方面宣传信商文化，两手都要抓，两手都要硬，彰显信商强大的综合实力。

十四　借"网"捕鱼

广州沃城信商信息科技有限公司　谢玉婷

"鹰击天风壮，鹏飞海浪春"这是借势！

借势故好，但如何借势？——移动互联网，最好不过的借势工具。

如何利用移动互联网，借网捕鱼，相信大家都期待这些"秘诀"。

第一，抓住热点

2014年4月1日，"文章出轨门""风靡"全球，火了"文章体"，火了"伊琍体"。文章出轨被昭告天下后，网友们都对马伊琍表示同情，并在微博上发起"马伊琍挺住""马伊琍不哭"等相关话题。没想到这么一来，却无形中让与马伊琍同音的伊利牛奶产品受益。据报道，3月31日，该牛奶产品的股价逆市上扬2.28%，并在4月1日延续涨势。

就这样，伊利集团不花一分钱广告费，却火了知名度，火了销量。这一借，真是毫不费力，可以说，恰到好处。玩互联网的人就必须要走在时代的最前端，善于炒作又不做作！热点，就应该是这样借力。

第二，制造热点

互联网如何制造热点？对于郭美美事件，相信大家都最熟悉不过了。首先你得闻一下近期社会热点的味觉，跟着味觉走（请利用互联网的大数据分析）。在政治经济很敏感的时期，郭美美以炫富的身份火了。紧接着"白富美""高富帅"火速成为网络热点。一时间，在互联网升级版的"移动互联网"的平台上，随处可见"白富美""高富帅"，可以说，是互联网造就这些热点，是移动互联网红了这批人。要是想火，赶紧利用高级平台——移动互联网，制造热点去吧（提醒：必须是高大上的热点才能造哦）！

第三，推出热点

很多互联网营销事件的策划人都知道，热点不推，不成热点！

那么，怎么样将热点推出去呢？首要任务就是利用互联网大平台。正所谓"无方舟过不了岸边"！紧接着是找微博、微信大号，让更大的资源将你的热点推出。如果不利用互联网这个有力平台，热点就被扼杀在摇篮里了。如果你还在犹豫用不用移动互联网，结果是你注定火不了了！

借"网"捕鱼，就是这个道理，希望更多的人学会撒网！

十五　锁定移动　锁定智联

广东老卡家具有限公司　李龙君

互联网以超人的速度全方位包围人们生活的各个领域。从阿里巴巴的厂商批发端口至淘宝的零售端口，从百度的搜索引擎到百度糯米团购，从腾讯 QQ 到腾讯微信，不难看出互联网大佬们正在抢占的市场是移动互联。传统互联网电脑终端以不可估计的速度迅速向移动终端平台迈进。电脑进军平板、智能手机是正在发生的事情。

互联网大媒体时代在向大数据时代转变，自媒体大量分解掉大媒体的价值。未来将进入信息更准确的分众化时代。例如，以前我要找到张三、李四需到大集市上（大平台搜索）去找。但以后，可以直接去张三、李四家（个人互联平台）去找。因为他们有自己的账号（微信、微博、网店……），所以未来互联网大媒体行业会受到自媒体冲击。

互联网商品销售领域也正在发生分众变化。比如微信朋友圈经济已经悄然形成。人人皆商是现在的状态，那么十年以后呢？这样的商业圈会变得越来越精准、越来越小。马云已经将互联网批发行业、零售行业、个体经济做到了比较极致的程度，并迈入互联金融行业。

互联金融一开始就引起银行大佬的恐慌，从政府参与调整，到现在的互动合作，这些都是前进中的不断调整，未来十年互联金融基本会和个人 ID 完全互融。因为智能设备的介入，互联金融可以锁定每一个客户主体，安全性已经不再是所担心的问题。也许一个小小的智能穿戴设备装载着你上千亿的个人资产。但当你摘下智能穿戴设备时，所有个人信息全部消除，智能识别系统会安全锁定你的一切信息。

未来的互联应该叫移动智联！

案例一　迈入机器人时代

——AOTOBOTY 利迅达机器人逆袭

凡是世界上危险的、重复性的或只要求最简单的人机交流的任务，现在都可以由机器人来完成。事实上，如今机器人产业已经变得非常庞大。

过去我们曾依靠低廉而充沛的人力资源，将中国发展为世界最大制造业大国。但随着用工成本的增长，"人才红利"取代"人口红利"，成为中国制造向中国智造转变的关键。在这样一个转折点上，工业机器人的井喷式增长，既反映出这样的趋势，也将为中国制造业升级奠定坚实基础。机器人产业作为高端智能制造的代表，在新一轮工业革命中将成为制造模式变革的核心和推进制造业产业升级的发动机。数据显示，国内工业机器人市场需求日益强劲，新安装量年均增长高达40%。专家预计2014年我国将成为全球最大的机器人市场。

佛山市利迅达机器人系统有限公司是工业机器人系统集成商，也是专业生产工业机器人金属产品表面处理综合系统的公司。

利迅达机器人系统有限公司与欧洲多家高技术企业的机器人系统研发生产企业战略合作，根据中国市场实际，研发出一系列具自有知识产权的全新意念的金属产品表面处理综合系统。以把机器人应用规模化、系统化、普及化为目标，专注于机器人在通用工业的应用系统开发及推广；专注于通用工业应用设备智能化、自动化系统。已进入10多个行业领域，攻克20多款产品技术；遍及汽车、家电、五金、卫浴、厨具、电子、建材行业等等。主要分为机器人系统和自动化系统两大部门。

由于未来城镇化是不可避免的趋势，汽车行业对于Autobody是一个极具潜力的行业。利迅达拥有全球最大的机器人表面处理实验基地，共建起11个机器人应用实验站；是全国首家机器人系统公司与大专院校展开机器人专业培训的企业，建立起了完善的人才网络；不断强化研发投入，坚持自主创新，重视专利保护，不断扩大产品自有知识产权的拥有量；其金属表面机器人打磨抛光设备和工艺已经达到了国际先进水平。利迅达机器人系统综合国内外先进技术，可使用在各种金属材料、塑料和玻璃上，具有广阔的应用领域。

机器人对新兴产业发展和传统产业转型具有重要作用。工业机器人不仅在华为、中兴这类高科技企业大量使用，也正在改变建筑、采矿等传统产业的生态。在上海，当地一家大型建筑企业就联手高校，研发生产了高空焊接机器人等四五种专用工程机器人，既降低了劳动强度和施工危险，又确保了建筑工程质量。

机器人产业拥有光明的未来，机器人产业比20世纪的汽车产业规模更大。你会意识到，其实绝大多数的机器人是人们平时看不到的，它们默默无闻地修复城市基础设施，为我们提供基本服务。

案例二 智能制造

——爱斯达服饰个性化定制

爱斯达服饰有限公司成立于2008年，位于顺德均安镇，现有两个厂区——佛山顺德均安和湖北荆州，已通过了国家ISO 9001：2008质量认证。公司成立之后仅用了几年就成为牛仔服装行业龙头企业，是国际知名品牌Perry Ellis、Only和国内知名品牌马克华菲、森马等企业的战略供应商。爱斯达2013年主营收入达1.6亿元，出口销售占总收入的70%，主要销往欧洲、北美、南美、澳大利亚等市场；国内销售占约30%，主要销往北京、上海、深圳、浙江、福建等地。预计2014年销售额达2.5亿元，目前爱斯达在服装智能制造领域位居行业领先地位。

爱斯达服饰有限公司目前全资控股了佛山市顺德区爱斯达科技研发有限公司和江陵逸骏棉业有限公司。爱斯达服饰成立之前，创始人樊友斌开创了香港逸骏有限公司，主营服装贸易业务。2014年公司根据业务类型设立了三大事业部，四个职能中心。目前爱斯达服饰共有员工631人。

自2008年成立以来，爱斯达服饰大力推行服装产业转型升级改造，智能化应用率居同行业之首，并参与制订多项行业标准，2011年至2012年期间获中国生产力学会、国家科技部、教育部、工信部、中国科学院、中国工程院、广东省人民政府、顺德区人民政府授予的多项荣誉。2013年爱斯达服饰董事兼总经理樊友斌荣获由羊城晚报报业集团、南方广播影视传媒集团和广东电视台联合主办的第十届"2013十大经济风云人物"称号。

爱斯达服饰的智能制造平台，实现了个性化定制与快速智能生产的无缝对接。中国纺织工业联合会一行采访爱斯达智能制造中心时赞誉："爱斯达已位居服装智能制造全球之首，开启了服装DIY定制时代的序幕。"如今，公司的发展愿景是"成为服装行业标杆，引导并推动中国乃至世界服装制造行业的发展"。

案例三　醉美庄园——郑翁酒

——纯正国脉，只给最尊敬的人

醉美庄园致力于为消费者提供人人都能享用的高品质绿色健康原浆酒。健康和安全是我们生活中最起码的要求，但在我们的现实生活中，想吃到健康的食品是一种奢望！能吃到健康安全的食品成了我们的追求和幸福！

贵州省茅台镇是全国瞩目的酱酒之乡，有着得天独厚的地理环境，原茅台酒厂厂长郑光先老先生给消费者打造一款高品质绿色原浆酒，是收藏、馈赠、送礼、饮用之首选。

1883年，郑氏先人在贵州茅台地区经营中药铺，用中草药配制出独特的制酒大曲，为当地人酿酒所使用。130多年以来，郑氏家族不断出现酿酒大师，以家族秘方大曲与传承酿酒工艺结合，酿造出口感绵柔密长且刚劲雄浑的酒，开创了刚柔酱香白酒品类。

醉美庄园——心宽，路远

醉美庄园历经一个世纪多的洗礼依旧坚守着那份执着，一直致力于将传统与现代完美融合，不断提升醉美庄园酒的品质感。醉美庄园用百年传承及其历久弥新的魅力，谱写"至刚至柔，至尊品质"之美。

在移动互联网时代，醉美庄园致力于打造"一座城市，一个酒庄"理念的高端白酒营销模式，在每个城市中寻找最适合的合伙人，并启用众筹模式邀约股东。在这种模式中股东既是投资者，也是消费者，更是营销员。股东享有所投资城市庄园的特别提货权，出一份钱，可以拿到双倍货。

醉美庄园品牌理念

醉美庄园致力于建设国内高端白酒庄园，始终坚持无品牌，无包装，只做最具品质酿造房的理念，打造顶级的精品享受与最尊贵的专属体验。让品酒人士有属于自己的专属酒，独享尊贵服务。在品牌塑造上，醉美庄园为人类提供终极关怀，将刚柔酱香酒与贵州天然中草药有机结合，打造出一款富有品质的健康酒，实现刚柔酱香型酒健康理念的进一步升级。

案例四　绿洲古城，菊光水色

——记振鑫农业有限公司

每一座富有历史底蕴的城市都承载着浓厚的文化脉象。

河南开封地处黄河之滨，在北宋时期就有"人口逾百万，货物集南北"的繁盛局面，既是当时的经济、政治、文化中心，也是国际性的大都会。时光飞逝到现在，开封已成为现代化繁盛都市。菊花会的盛举、朱仙镇的木版年画、清明上河图的历史……都给开封抹上了神秘的文化色彩。

坐落于中原腹地的开封具有得天独厚的农业优势，一望无际的平原地势和肥沃的沙质土壤，加上先进的农业科技，造就了开封农业的新风尚。河南这样一个农业大省，拥有着先天丰富多样的农业资源和优越的地理交通条件。河南振鑫农业的绿色生态基地项目，以农业为主导，以新农村为方向，以科技为支撑，融合食品加工、商贸物流、科普会展、教育培训、休闲观光、养生度假等多个相关产业，旨在构建多功能、复合型、创新性的现代农业产业基地。可以想象，项目建成后，将把生产、生活、消费和观赏、休闲、娱乐、养生有机统一起来，形成一、二、三产业各领域全面拓展，多种业态并存，有机交织，多元经营的良好格局，呈现出百花齐放的势头。

"菊光水色"正是振鑫农业有限公司所要开发的新品牌。根据开封先天的自然环境，浓厚的文化底蕴，从《开封赋》中提炼出"菊光水色"的生态特色。"菊"不仅是开封的市花，而且是"花中隐士"，象征着顽强的生命力，高风亮节；"光"，即风光秀丽；"水"，即河水清澈，涓涓而流；"色"，指所有景物融合一起，折射出一道道美丽的风景。菊光水色品牌的打造既是对开封历史文化的传承，也是对现代农业发展的深化。

在对农业基地的生态考虑上，振鑫根据原来生态基地的四园功能定位了特色农作物园、粮食种子园、种子种植园、特色农作物园，并且延伸了对四园的几个设想。

比如在蔬菜园里，除了对有机蔬菜和食用菌类栽培的种植；还可以针对蔬菜的培植特点建设情调田园、开心果园、植物乐园等；在观赏园中设置花木石鸟等生态景观用于观赏。值得关注的是，这里有一个建设草屋小别墅的概念，设计一种别致的公寓（私人管家），振鑫的营销模式采用了当下移动互联网流行的众筹模式，在别墅众筹上，譬如某个企业家利用他的朋友圈，可以一起出资众筹草屋小别墅，轮流使用小木屋别墅度假；然后利用了关系营销的原理，整合自身人脉关系，通过人人传播互动的方式，吸引企业家购买草屋小别墅，充分利用资源整合来实现核心诉求的达成。除了对农业基本的考量研究外，还专门设置了针对现代农业技术发展而设置的碧翠园，用于新产品的科技研发。例如，对高科技风水园的设想，在倡导绿色环保的地基品质上，融入人文情怀的关注，对科技艺术的追求。振鑫畅想的农业园以人为本，取之于民生，返之于民生。中国是农业大国，振鑫农业位于开封，拥有优良沙质的广袤土地，应当首先服务于广大民众，它以土生土长的姿态和唯民唯生的理念创造出开封的特色农业；再结合当地的优势，建设一大批农户、农家专职的养殖场，包括垂钓园和动物园，用于鱼类养殖与特色畜禽养殖，陆地与水生生物的结合，更加丰富了园内的氛围，从而吸引更多的消费者来享受乡村原汁原味的新生态。

在《东京梦华录》里，开封府舟船往来，客商不绝，而今，开封古城墙仍在，见证了开封融现代与传统文化于一体，马不停蹄的繁华发展进程。绿洲古城，菊光水色。振鑫扎根于土、立足于民、沉淀于史的品牌理念将诉诸开封更深邃、更前卫、更朝气、更优雅的时代农业风貌。让我们翘首以待，为振鑫农业集团的努力而喝彩。

案例五 汪峰 O2O 演唱会给传统企业的启示

2014 年 8 月 2 日，歌手汪峰在"鸟巢"体育场开唱，万众瞩目。之所以如此受关注，一这是他在这个 10 万人体育场的首秀；二他是第一个把 O2O 引入演唱会，即现场观看与在线直播观看。这也就意味着，汪峰的歌迷将会有两种选择：花费 280～1680 元去鸟巢现场欣赏，或是花费 30 元在乐视网在线观看。

汪峰的演唱会很可能颠覆演唱会现有商业模式，开拓出一条全新的商业模式。传统的演唱会商业模式是以线下票房和广告为主要营收来源，通常内地艺人单场票房过千万的属一线收入；在营销和销售上，也以大麦网和传统线下渠道为主，可控性低，从而导致不同的艺人演唱会的成本和收入相差很大。

而此次汪峰演唱会，营销和销售渠道上以电商为主，与包括京东、百度、淘宝等 20 多家互联网平台深度合作，从开始售票到售罄只用了 3 个月时间。以此计算，汪峰这场演唱会仅门票收入即为 2500 万元。此外，前面提到的与乐视的合作，目前尚无法准确预测到底有多少粉丝通过这种方式收看，但粗略估计线上这部分收入，加上广告和衍生产品，或许有近 5000 万元的收益。

以往，传统演唱会盈利模式单一，表演者、制作团队、主办方、广告主等众多利益相关者只能将目光瞄准演唱会现场，铆足劲儿在几万人的几个小时内为自己争取更多利益，而往往僧多粥少，难以同时满足多方利益需求；而现场演出与付费直播的运作方式，是中国第一次真正意义的线上线下均采取付费形式的超级演唱会，颠覆性营收模式为传统演唱会商业领域开拓了一片蔚蓝的天空，利益相关者将真正有机会放眼至更大棋盘，极大地拉长现场表演的时间价值。

此外，在用户的经营上，新的模式可以变"一次性交易"为长期紧密的合作——传统模式下，往往一散场，再也找不到这些歌迷；而在互联网上，每一个人都化身为一个 ID，如果经营得当，这些 ID 会长期活跃，持续不断地贡献购买力。这正是乐视期待看到的，所以，乐视在此次合作中也绞尽脑汁，如乐视音乐提前 2 天开启慢直播，全程直播演唱会的筹建过程。用户从筹建开始参与全程体验，以更近的距离和更丰富的视角全方位感受演唱会的全过程，并感受到通过转播信号呈现的颠覆性交互体验。

此次汪峰演唱会也许将成为中国音乐史上的一个里程碑事件。从此以后，在互联网的驱动之下，音乐产业价值链重组，进化出全新的生态体系，而其中最大的受益者是价值链的两端：音乐人和歌迷。对音乐人来说，在同等的创作和演出精力投入之下，有更多的回报，并且有更好的与歌迷沟通的方式；对歌迷来说，有更多的选择（有钱没钱都可以看演唱会），而且有更好的体验（台前幕后全程、全方位的参与体验）。一句话，互联网的出现，推动了音乐产业的进化。

汪峰 O2O 演唱会给传统企业什么启示呢？

传统产业互联网化是大势所趋。

产品和盈利模式创新：需要针对线上、线下不同的人群，提供差异化的产品（如线下是 280 ～ 1680 元的价格，现场声光电全息体验；线上无法做到全息体验，价格只需 30 元）；线下是二八原则（用高票价收割有支付能力的歌迷），线上是长尾经济（用规模支撑收入）。

营销创新：传统企业需要做的不仅仅是把产品放在网上去卖（如网上卖门票），更重要的是用好新媒体与用户进行互动式的营销，把用户沉淀下来，变一次性交易为长期紧密关系，持续挖掘客户价值。

价值体系创新：如果产品、盈利模式、营销的创新做到位，价值体系的创新是顺理成章、水到渠成的事。所以，从这个意义上说，O2O 是结果，而不是方法。

目前，很多传统企业不约而同患上"互联网焦虑症"，根源在于对互联网的神化。对于这一问题，其实老祖宗已经给过我们最简单实用的解决方法——道、法、术。

●道：传统企业需要考虑的是，互联网时代企业价值定位是否发生变化、目标客户是否发生变化、商业模式是否发生变化等；

●术：在新的市场环境下，产品如何创新、盈利模式如何创新、营销如何创新等；

●法：在新的市场环境下，组织管理、企业文化、人员能力、IT 系统如何支撑业务发展和企业成长。

游　熵

　　科技与移动互联网的协同进化可能会诞生出这样一种生物，姑且称之为"游熵"。游熵的生物基因演进基于这样一个科学界普遍认同的原理：生命机器化，机器生命化。

　　随着如下技术的突破，游熵这个新物种将会进化形成。

　　（1）纳米技术使手机变得足够小，小到肉眼看不见；

　　（2）即使再小的手机都带着 WiFi 接入功能、拍照功能、上线图片及视频功能；

　　（3）足够小的芯片带有传感器和记忆棒功能，并且可接受电脑的遥控指挥，假设我们把上述零件称之为"游子"，那么未来的世界将妙趣横生：

　　① 给濒临灭绝的鱼群输入"游子"，就可为他们导航，让他们化险为夷。

　　② 地震中心假如是山区，救援人员往往无法及时到达，带有 WiFi 功能的游熵人进入震中救灾，第一时间发来震后图片。

　　③ 火灾现场高温使人不能接近，穿着绝缘制服的游熵人深入高温区灭火救人并将火灾现场情况传送给外界。

　　④ 年轻的爸妈把孩子单独放在家里不放心，"游熵"人可起到保姆的作用，而且和孩子玩游戏，你可随时查看孩子的动态信息。

　　⑤ 航班永远不会失联，每一位乘客都在体内置一"游子"，记录着航班航行过程并向外界传送讯息。

　　⑥ 不再需要牧羊人，领头羊体内有"游子"，坐在家里可遥控指挥羊群回家。

　　⑦ 大街小巷每一个角落都洒满了"游熵"颗粒，记录着环境的变化甚至街头犯罪。

　　⑧ 战争不需要士兵冒险，战场由游熵们控制，战胜者将是高科技一方。

　　⑨ 人机合一，地球上将没有纯粹生物学意义上的动物和人。

　　⑩ 人类将永生。只要生前在大脑中置入芯片，死后把芯片转到手机上，死者在手机上复活，和生前一样会思考，会说话，就是不能吃东西，

它只需要足够的充电。

生命开始了一场有趣的进化，科技使所有生命完成"定向进化"和"协同进化"。移动互联使这场进化变成了一个拥挤的联盟网络。

科技遇上了移动互联网，真的如同两个星球的大碰撞擦亮宇宙的火花吗？什么是定向进化？什么是协同进化？游熵会来敲门吗？

所有疑问，将在本书第二版中给大家剖析。

词汇表

O2O——O2O即 Online To Off line（在线离线/线上到线下），是指将线下的商务机会与互联网结合，让互联网成为线下交易的前台，这个概念最早来源于美国。O2O的概念非常广泛，只要产业链中既涉及线上，又涉及线下的，可通称为O2O。主流商业管理课程均对O2O这种新型的商业模式有所介绍及关注。2013 年O2O进入高速发展阶段，开始了本地化及移动设备的整合，于是 O2P 商业模式横空出世，成为 O2O 模式的本地化分支。

WEB ——Web 的本意是蜘蛛网和网的意思，在网页设计中我们称为网页。表现为三种形式，即超文本（hypertext）、超媒体（hypermedia）、超文本传输协议（HTTP）等。

LINE——由韩国互联网集团 NHN 的日本子公司 NHN Japan 推出。它虽然是一种起步较晚的通讯应用，2011 年 6 月才正式推向市场，但全球注册用户超过 3 亿。

APP——应用程序，Application 的缩写。由于 iPhone 等智能手机的流行，应用程序指智能手机的第三方应用程序。比较著名的应用商店有 Apple 的 iTunes 商店，Android 的 Play Store，诺基亚的 Ovi store，还有 Blackberry 用户的 BlackBerry App World，以及微软的应用商店。

APP STORE——App Store 是 iTunes Store 的一部分，是 iPhone、iPod Touch、iPad 以及 Mac 的服务软件，允许用户从 iTunes Store 或 Mac App Store 浏览和下载一些为 iPhone SDK 或 Mac 开发的应用程序。用户可以购买收费项目和使用免费项目，将该应用程序直接下载到 iPhone 或 iPod touch、iPad、Mac，包含游戏、日历、翻译程式、图库，以及许多实用的软件。在 Mac 中的 App Store 叫 Mac App Store，和 iOS 的软件不相同，App Store 拥有海量精选的移动 APP，均由 Apple 和第三方开发者为 iPhone 度身设计。你下载的 APP 越多，就越能感受到 iPhone 的无限强大，完全超乎你想象。在 App Store 下载 APP 会是一次愉快的体验，在这里你可以轻松找到想要的 APP，甚至发现自己从前不知道却有需要的新 APP。

BAT——中国互联网公司三巨头，指中国互联网公司百度公司（Baidu）、阿里巴巴集团（Alibaba）、腾讯公司（Tencent）三大巨头。

MIXI——Mixi 是日本最大的社交网站，已经成为日本的一种时尚文化。对于很多日本人特别是青少年来说，Mixi 已经成为日常生活中的一部分，过度沉迷于 Mixi 的社群活动，使他们患上了 Mixi 依赖症。这些 Mixi 迷很在意自己在其中的表现，无论是照片还是日记，会担心写得好不好，有没有人看，访问人数是否下滑了等。这从另一方面反映了 Mixi 在日本当地用户中的地位。

NFC 支付——是指消费者在购买商品或服务时，即时采用 NFC（Near Field Communication）技术通过手机等手持设备完成支付，是一种新兴的移动支付方式。支付的处理在现场进行，并且在线下进行，不需要使用移动网络，而是使用 NFC 射频通道实现与 POS 收款机或自动售货机等设备的本地通信。NFC 近距离无线通信是近场支付的主流技术，它是一种短距离的高频无线通信技术，允许电子设备之间进行非接触式点对点数据传输交换数据。该技术由 RFID 射频识别演变而来，并兼容 RFID 技术，其由飞利浦、诺基亚、索尼、三星、中国银联、中国移动、捷宝科技等主推，主要用于手机等手持设备。

SP 模式——SP（standard play）是指标准播放，在这种记录模式下，磁带以标准速度运行，所记录的影像可以达到标准的水平清晰度，即 VHS 可以达到 240 线左右，Mini DV 可以达到 520 线以上的清晰度。

屌丝——屌丝（或写作"吊丝"）是指一个人符合矮、穷、丑、挫、撸、呆、胖这些特征。而当你符合其中的多种的特征，那么就可以说成是"屌丝样"。屌丝是中国网络文化兴盛后产生的讽刺用语，开始通常用作称呼"矮矬穷"（与"高富帅"相对）的人。"屌丝"最显著的特征是穷，房子、车子对于屌丝来说是遥不可及的梦。2012 年初，"屌丝"在中国大陆地区广泛流行起来，在年轻人群体语言文化中更被广泛应用。相对于屌丝最初的定义，如今成为一种社会性的自嘲现象。无论是外表符合屌丝定义的人，还是和屌丝属性毫不相关的人，都在争领这一名号。究其原因，是屌丝一词与当代的现实特征实现了完美的合拍。另一方面，有些人利用屌丝一词"自我设障"，降低成功期望，以此来缓解巨大的社会压力，这部分人中多数拥有自我意识，自我觉醒，主动归类"屌丝"。与此同时，"高富帅"一词也在相当大的程度上被用于讽刺与嘲笑而不是羡慕。有人认为，"屌丝"文化不过是一种网络亚文化的崛起，它意味着中国人更多获得了诠释生活的权力。

二维码——又称二维条码，是用特定的几何图形按一定规律在平面（二维方向）上分布的黑白相间的图形，是所有信息数据的一把钥匙。在现代商业活动中，二维码可实现的应用十分广泛，如产品防伪/溯源、广告推送、网站链接、数据下载、商品交易、定位/导航、电子凭证、车辆管理、信息传递、名片交流、WiFi 共享等。如今智能手机扫一扫（简称313）功能的应用使得二维码更加普遍。

极客——极客是美国俚语"geek"的音译。随着互联网文化的兴起，这个词含有智力超群和努力的语意，被用于形容对计算机和网络技术有狂热兴趣并投入大量时间钻研的人。现在 Geek 更多指在互联网时代创造全新的商业模式、尖端技术与时尚潮流，是一群以创新、技术和时尚为生命意义的人，这群人不分性别，不分年龄，共同战斗在新经济、尖端技术和世界时尚风潮的前线，共同为现代电子化社会文化做出自己的贡献。

粉丝——"粉丝"是英语"Fans"（狂热、热爱之意，后引申为影迷、追星等意思）的音译。在现代西方国家，Fans 一词还扩展出了"同志恋""同性恋"的引申意思。

尖叫——动词，英文为 screak，screech，shriek，指突然发出尖锐刺耳的叫声，表示恐惧。

信币——沃晒商城官方虚拟货币，在信币超市中所有的东西都可以按一定比例兑换，对买家而言是高品质享受折扣的换购货币，对卖家而言是精准导购的营销平台工具，就是用信币取代了折扣。

土豪——原指在乡里凭借财势横行霸道的坏人，土豪被中国人所熟知，与土改和革命时期的"打土豪，分田地"有关。那时的土豪是被专政与被打击的对象，为富不仁、盘剥贫苦农民、破坏革命等是他们的标签。现在通常指有钱并非主观而显示出个人巨额财富的人（区别于暴发户）。指网络上无脑消费的人，也可以引申到其他领域（网络游戏、电子设备、动漫 ACG 等）。如某网络游戏中的人民币玩家被称为"土豪"，有时也会简化为"壕"。

后在网络游戏中引申为无脑消费的人民币玩家，用于讽刺那些有钱又很喜欢炫耀的人，尤其是通过装穷来炫耀自己有钱的人。该意义衍生出"土豪，我们做朋友吧"等句子。

有些人把比自己肯花钱的人都称之为"土豪"。

土豪一词被游戏玩家大量使用，有玩游戏装备厉害之意，并非贬义。

特供——即为特权阶级、高层领导供应的某些天然绿色的产品。在古代，专指为皇宫贵族特别供应的产品，如极品茶、蜜、酒、瓜、果、米、蔬等。

微信支付——微信支付是由腾讯公司知名移动社交通讯软件微信及第三方支付平台财付通联合推出的移动支付创新产品，旨在为广大微信用户及商户提供更优质的支付服务，微信的支付和安全系统由腾讯财付通提供支持。财付通是持有互联网支付牌照并具备完备的安全体系的第三方支付平台。

闭环——闭环（闭环结构）也叫反馈控制系统，是将系统输出量的测量值与所期望的给定值相比较，由此产生一个偏差信号，利用此偏差信号进行调节控制，使输出值尽量接近于期望值。

口碑传播——是指一个具有感知信息的非商业传播者和接收者关于一个产品、品牌、组织和服务的非正式的人际传播。大多数研究文献认为，口碑传播是市场中最强大的控制力之一。心理学家指出，家庭与朋友的影响、消费者直接的使用经验、大众媒介和企业的市场营销活动共同构成影响消费者态度的四大因素。

参考文献

[1] 胡泳. 众生喧哗——网络时代的个人表达与公共讨论［M］. 2 版. 广西师范大学出版社，2013.

[2] 中国新闻出版社研究院. 第一次全国国民阅读行为调查报告［R］. 2013.

[3] 高丽华，徐天霖. 都市报全媒体转型思路探析［J］. 中国出版社，2013，（I）.

[4] 曹峰. 都市报全媒体运营模式的管理与完善［J］. 新闻界，2013（20）.

[5] 蔡恩泽. 移动互联网生态竞争："新三国"鼎立大一统难成［N］. 人民邮电报，2013 – 08 – 09.

[6] 刘佳. 谷歌的野心：包揽衣食住行［N］. 第一财经日报，2014 – 01 – 15.

[7] 洪黎明. 2014，互联网还将"消灭谁"？［N］. 人民邮电报，2013 – 01 – 13.

[8] 朱堃，王瑜. 化数据为价值——中兴通讯助力行业掘金大数据［N］. 通讯产业报，2014 – 01 – 16.

[9] 吴高莉. 移动互联网背景下的无线旅游市场发展策略研究［J］. 电子世界，2013（21）.

[10] 张高军，李君轶，毕丽芳，庞璐. 旅游同步虚拟社区信息交互特征探析——以QQ 群为例［J］. 旅游学刊，2013（2）.

[11] 王业祥. 移动互联网在我国旅游业中应用发展分析［J］. 价值工程，2012（28）.

[12] 孙晓莹. 李大展. 王水 国内微博研究的发展与机遇［J］. 情报杂志，2012（7）.

[13] 王正军. 上海下一代广播电视网建设和运营经验交流［J］. 电视技术，2012，36（22）：12 – 13.

[14] 黄升民，马涛. 在挑战中奋起，在竞争中转型——2012 报业盘点［J］. 中国报业，2013（01）.

[15] 张东明. 从报网互动到报网融合——从《南方日报》第九次改版看全媒体转型探索之路［J］. 中国记者，2013（02）.

[16] 牟丰京. 向全媒体发展不可逆转［J］. 新闻研究导刊，2013（02）.

[17] 张向东. 深化体制改革，促进传媒发展［J］. 中国报业，2013（05）.

[18] 孙源，陈靖. 智能手机的移动增强现实技术研究［J］. 计算机科学，2012 年 S1 期.

[19] 王文东，胡延楠. 软件定义网络：正在进行的网络变革［J］. 中兴通讯技术，2013（1）.

[20] 中国通信标准化协会. 面向移动互联网的新型定义人——机交换技术研究报告［R］，2013.

[21] Morgan Stanley. Mobile Internet Research Report［R］. 2009.

[22] KPCB. Mobile Internet Trends Report［R］. 2011.

[23] Carr, Nicholas. The Shallows：What the Internet Is Doing to Our Brains［M］. New York：Norton，2012.